可可

栽培与加工技术

赖剑雄　主编

U0380637

中国农业出版社

编写人员

主　编　赖剑雄

副主编　王　华　赵溪竹

参　编　谷风林　桑利伟　宋应辉
　　　　　朱自慧　李付鹏　秦晓威
　　　　　孙世伟　王丽萍　房一明

前 言

　　可可（*Theobroma cacao* L.）为梧桐科常绿小乔木，原产于南美洲亚马孙河流域，是美洲热带雨林下的土生树种。可可具有极高的经济价值，营养丰富，味醇香，是世界三大饮料作物之一。可可豆为可可树的种子，是食品工业的重要原料，可可脂是制作巧克力的主要原料，可可饼可制成可可粉，是饮料、糖果的重要配料。

　　可可豆在希腊语中意为"神仙的食物"。可可能提供很高的能量，远远高于鸡蛋、鱼等食品。可可还含有多种人体所需的营养物质，如：油酸、亚油酸、硬脂酸、软脂酸；蛋白质；维生素 A、维生素 B_1、维生素 B_3、维生素 B_5、维生素 B_6、维生素 D、维生素 E；钙、镁、铜、钾、钠、铁、锌；纤维素；多酚，包括低聚体类黄酮物质，其中主要有黄烷醇低聚体——原花青素和单体儿茶素，以及多聚体单宁；苯乙胺；可可碱等。可可所含的高能量和营养物质能够有效促进青少年身体和智力的发育。可可中含有的钾能够预防脑中风和高血压，其中的软脂酸可以轻度降低胆固醇浓度，所以可可对于中老年人群也有较好的保健功效。

　　巧克力的主要原料为可可。巧克力能缓解情绪低落，使人兴奋；对集中注意力、加强记忆力和提高智力都有作用。吃巧克力还有利于控制胆固醇的含量，保持毛细血管的弹性，具有防治心血管疾病的作用。巧克力中含有的儿茶酸与茶中的含量一样多。儿茶酸能增强免疫力，预防癌症，干扰肿瘤的供血。巧克力是抗氧化食品，对延缓衰老有一定功效。越来越多的研究表明，吃黑巧克力有益于身体健康。研究显示，如果一个人持续吃适量的黑巧克力（并非一般常见的牛奶巧克力），可以增加血液中的抗氧化成分，从而防止心脏病的发生。

据史料记载，可可已有 2 000 多年的栽培历史。可可树适宜生长在赤道及南北纬 20°以内的范围，主要种植在非洲、亚洲、美洲和大洋洲的 60 多个国家和地区。现全球可可豆年产量约为 440 万 t，可可豆加工行业年产值达 58 亿美元，经济效益非常可观。可可制品如巧克力等的消费者主要集中于美国、德国、法国等发达国家，西方国家巧克力年人均消费 10kg。对于世界可可市场的发展前景，国际可可组织（ICCO）预计在今后 10 年中可可豆产量和可可制品需求量将增长约 100 万 t，世界可可经济的发展潜力巨大。

中国可可主要分布在海南和云南等省（自治区）。可可于 1922 年引入中国台湾试种，1954 年由华侨将可可少量引入海南兴隆华侨农场试种，1956 年海南保亭育种站和海南植物园也陆续引种试种，1960 年兴隆试验站（现中国热带农业科学院香料饮料研究所）引种试种并开始系统观察，1960—1962 年海南外贸基地局从国外大量引入可可植于乐东、三亚等地。20世纪80年代发展椰子间作可可模式，种植面积在数百公顷。据中华人民共和国海关总署数据统计，我国年进口可可豆及可可制品约15万 t。随着经济快速发展和生活水平的提高，我国巧克力市场正以年均10%～15%的增长率迅猛发展，消费潜力高达200亿元。按照当前国家经济的发展规划和经济实力的增长情况，预计2015年国内可可产业的需求量可达27万 t。在市场需求的不断推动下，可可种植面积将持续增加，发展前景广阔。

中国热带农业科学院香料饮料研究所于1960年开始可可的引种试种，并把可可列为重要研究对象，对可可生物学特性、优良品种选育、良种繁育技术、丰产栽培技术、标准化生产技术等进行系列研究，选育的8个高产可可品种平均产量为 1 810kg/hm²，达世界先进水平，取得"可可栽培技术研究"、"可可种质资源性状和海南岛可可种质资源考察"等科研成果7项，获省部级科技成果奖2项，制定农业行业标准1项、海南省地方标准1项，为中国可可产业发展提供了理论依据与技术支撑。

本书由中国热带农业科学院香料饮料研究所赖剑雄主编，宋应辉负责品种分类章节编写，朱自慧负责生物学特性章节编写，王华、赵溪竹负责整形修剪、施肥等种植技术章节编写，李付鹏、秦晓威、王丽萍负责种苗繁育等章节编写，桑利伟、孙世伟负责病虫害章节编写，谷风林、房一明负责初加工章节编写。本书编写过程中参考了国内外研究成果与实践经验的总结和本所多年的研究成果。本书的编著和出版，得到国家星火重大项目"海南热带经济林下复合栽培技术集成与应用"、国家星火计划"特色热带香辛饮料作物高效生产技术集成与示范"、农业部物种资源保护专项"热带香料饮料种质资源收集、编目、更新与利用"、海南省农业科技集成示范园项目"海南省香料饮料作物科技集成示范园"、海南省星火产业带科技项目"海南省香料饮料作物科技集成与示范"、海南省社会发展科技专项资金项目"海南特色风味巧克力研发与中试"及海南省自然科学基金项目"椰园间作可可栽培模式种间营养竞争机理研究"和"基于可可发酵的蛋白质降解与含氮杂环化合物形成关系研究"等项目经费资助。

本书系统地介绍了可可起源与传播、国内外发展史、生物学特性、主要品种、种植技术、病虫害防治以及加工等基本知识，具有技术性和实用操作性强、图文并茂等特点，可供广大可可种植者、农业科技人员和院校师生查阅使用，对指导我国发展可可生产具有重要现实意义。本书编写过程中得到谭乐和、吴刚和康虹等同事赠与的珍贵照片并提出宝贵意见，同时得到无锡华东可可有限公司等其他有关单位的热情支持，在此谨表诚挚的谢意！由于水平所限，书中难免有遗误之处，恳请读者批评指正。

编　者

2014 年 6 月

目 录

第一章

可可概述

第一节　起源与传播

一、可可起源

可可是一种驯化时间相对较短的物种，为二倍体（2n＝20）。"cacao"一词衍生于玛雅人纳瓦特尔语"cacahuatl"。植物学家林奈根据土著人的神圣信仰，将可可树命名为"*Theobroma cacao* L."，意味着"可可——众神的食物"。据史料记载，中美洲是世界上最早栽培可可的地区，栽培历史超过 2 000 多年。目前，世界广泛栽培的可可有 Criollo（*Theobroma cacao* ssp. *cacao*）、Forastero（*Theobroma cacao* ssp. *sphaeorocarpum*）和 Trinitario（Criollo×Forastero）3 类遗传类群。

作为重要的热带经济作物，过去人们依据地理起源和形态特征，将可可分为 Criollo 和 Forastero 两大遗传类群。然而，关于可可起源的假说众说纷纭。以 Hunter 和 Leake 为代表的"南-北散布假说"认为可可起源于南美洲亚马孙河流域安第斯山脚下的厄瓜多尔与哥伦比亚边界，由人为活动将 Criollo 种子传播至中美洲。相反，Vavilov 主张的"北-南散布假说"则认为中美洲 Criollo 遗传类群起源于尼加拉瓜湖的最南部，后被印第安人传入南美洲种植。而 Nava 则主张可可具有广泛的自然地理分布，认为大量的 *Theobroma cacao* L. 群体由中美洲地区向墨西哥南部散布，受巴拿马地峡地理隔离的影响，分化出中美洲的 *Theobroma cacao* ssp. *cacao* 和南美洲的 *Theobroma cacao* ssp. *sphaeorocarpum* 亚种，第一个亚种包含 Criollo 遗传类群，第二个亚种包含 Forastero 遗传类群。经典的地理隔离模型及亚种间的种间杂交试验均能支持该假说。

　　然而，许多人类学、历史学、考古学和生物地理学的证据及遗传群体的研究均在一定程度上支持"南-北散布假说"。在此基础上，Dias 提出可可起源的新假说：在前哥伦布时期，假定亚马孙河上游和奥里诺科河盆地存在一个相对广泛的可可起源中心，Criollo 和 Forastero 遗传类群由人为活动沿着安第斯峡谷传入中美洲。在玛雅帝国时期，人类有意识地选择高品质巧克力制品材料 Criollo 遗传类群，而疏忽了亚马孙 Forastero 群体的灭绝。Dias 的新假说拓展了物种保护与遗传改良对物种进化过程重要影响的理解。

二、可可传播

　　可可在世界范围内的传播始于西班牙殖民主义时期。克里斯托弗·哥伦布发现美洲前，美洲土著居民玛雅人以及阿兹特克人就已经在种植可可，并将可可豆作为流通货币使用。

　　哥伦布在游记中记载，1502 年到达尼加拉瓜，将可可豆作为商品运出中美洲。1519 年前，墨西哥已有栽培和饮用可可的记载。墨西哥的印第安人将烘炒的可可豆用石头磨碎，混以香草兰、桂皮、胡椒制作巧克力。1519 年，西班牙探险家荷南·科尔蒂斯在墨西哥的阿兹特克帝国发现一种叫作"xocoatl"的饮品（巧克力饮料），于 1528 年带回西班牙，并在西非一个小岛上种植这种饮品的主要原料植物可可。后来，西班牙人往这种巧克力中加入糖和牛奶加以改进，可可饮品在欧洲大受欢迎，促使西班牙、法国、荷兰等殖民者在其殖民地如多米尼加、特立尼达、海地等纷纷种植可可。1560 年，西班牙人将可可从委内瑞拉的首都引入印度尼西亚的苏拉威西岛，随后传入菲律宾。17 世纪 20 年代，荷兰人接管库拉索岛种植业，并于 1778 年从菲律宾引种可可至印度尼西亚和马来西亚。17 世纪 60 年代，法国人也将可可陆续带到马提尼克岛、圣卢西亚、多米尼加、圭亚那和格林纳达等地区。至 1680 年，马提尼克等加勒比海岛成为主要的可可生产地之一。17 世纪 70 年代，英国人将可可引入牙买加。至 18 世纪中叶，可可由巴西北部的帕拉河引种至巴伊亚。可可制品在欧洲市场的需求过盛，致使可可种植业持续扩张。19 世纪初，可可被引种至普林西比岛（1822 年）、圣多美（1830 年）和比奥科岛（1854 年）等非洲地区。此后，经由比奥科岛传入尼日利亚（1874 年）和加纳（1879 年），又至科特迪瓦（1905 年）（图 1-1）。现科特迪瓦已成为世界最大的可可生产国。在喀麦隆，可可引种栽培是在 1925—1939 年的殖民时期。

中国可可引种历史相对较短，1922 年首次由印度尼西亚引

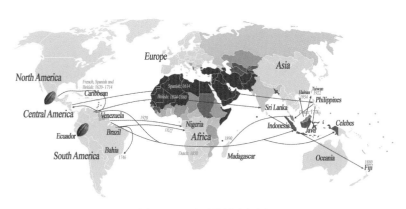

图 1-1　可可传播路径图

入中国台湾嘉义、高雄等地种植。20 世纪 50 年代，中国先后从越南、泰国、马来西亚、印度尼西亚、科摩罗、厄瓜多尔、巴西等 10 余个国家引进可可种质。目前，主要栽培于海南、台湾地区，云南、广东、广西、福建等地也有零星种植。

第二节　生产与消费现状

一、生产现状

目前可可主要种植在非洲、亚洲、美洲和大洋洲的 60 多个国家和地区，全球可可种植分布情况见图 1-2。据联合国粮农组织（FAO）统计，2011 年世界可可收获面积达 1 000 多万 hm²，总产量 440 多万 t，其中非洲占 75%，美洲占 13%，亚太地区占 12%。世界可可产量的 85%～90% 是由下列国家生产的：科特迪瓦（37.81%）、加纳（19.88%）、印度尼西亚（14.23%）、尼日利亚（5.37%）、喀麦隆（4.46%）、巴西（4.35%）、厄瓜多尔（3.06%）、巴布亚新几内亚（1.38%），其余的产地来自 50 多个国家。全球可可豆产量见表 1-1。

图 1-2　全球可可种植分布图

表 1-1　全球可可豆产量（万 t）

国　　家		2008/2009		2009/2010		2010/2011	
		产量	百分比	产量	百分比	产量	百分比
非洲	科特迪瓦	122.3		124.2		151.1	
	加纳	66.2		63.2		102.5	
	尼日利亚	25.0		23.5		24.0	
	喀麦隆	22.4		20.9		22.9	
	其他	15.7		16.8		22.1	
	小计	251.6	70.0%	248.6	68.4%	322.6	74.9%
美洲	巴西	15.7		16.1		20.0	
	厄瓜多尔	13.5		15.0		16.1	
	其他	18.6		20.5		19.9	
	小计	47.8	13.3%	51.6	14.2%	55.9	13.0%
亚太地区	印度尼西亚	49.0		55.0		44.0	
	巴布亚新几内亚	5.9		3.9		4.7	
	其他	4.8		4.4		3.7	
	小计	59.8	16.7%	63.3	17.4%	52.4	12.1%
合计		359.3	100.0%	363.5	100.0%	430.9	100.0%

资料来源：国际可可组织年鉴。

（一）全球可可种植发展历程

1. 种植面积的历史变迁　根据联合国粮农组织（FAO）公布的数据，统计 1961—2010 年 50 年的全球可可种植面积数据，对可可种植面积变化情况分析表明：50 年来可可种植面积总的发展趋势为加速增长，其变化过程可分为 3 个阶段：1961—1976 年为稳定阶段，15 年内可可面积维持稳定，变幅很小；1976—1994 年为持续增长阶段，18 年的平均增长率为 1.62%；1994—2010 年为波浪式较快上升阶段，年均递增 1.97%，但波动浮动有逐年加大的趋势。从大趋势看，可可种植面积长期以来趋于稳定上升，最近十年来增速呈加快趋势，同时其波动性也随之加大，然而最近几年又表现出下降趋势。

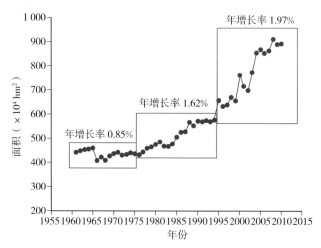

图 1-3　可可历年种植面积变化

2. 年产量的历史变迁　根据 FAO 公布的数据，统计 1961—2010 年 50 年的可可年产量数据，分析可可年产量变化情况表明：50 年来可可年产量的发展呈现比较缓和和波浪式增长趋势，其全程年平均增长率达到 2.78%。可可的年产量发展过程可以明显区分为 2 个阶段：1983 年以前是慢速增长阶段，22 的年平均增长率仅为 1.38%；1983 年以后增长速度明显加快，年平均增长率达到 4.02%。还有一个特点是，最近几年，在种植面积下降的情况下，产量仍快速提高，说明单产正快速提高（图 1-4）。

3. 单产的历史变迁　根据 FAO 公布的数据统计，1961—2010 年 50 年的可可单产数据，分析可可单产的变化情况表明：可可单产 50 年的年平均递增幅度为 4.82kg，处于缓慢增长。这主要是因为可可长期处于主要依赖面积扩大的外延式的发展，最

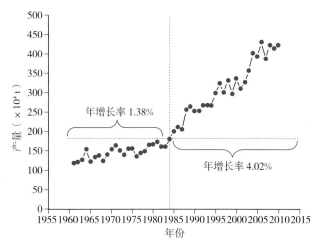

图 1-4　可可历年产量变化

近几年，在种植面积下降的情况下，产量仍快速提高，说明单产正快速提高（图 1-5），开始依靠技术进步而提高单产，开始走科技内涵式发展道路。

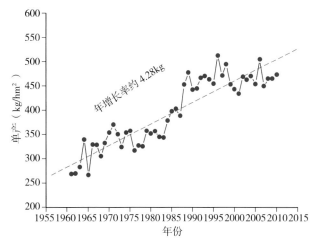

图 1-5　可可历年单产变化

（二）我国可可种植发展历程

可可于 1922 年引入中国台湾试种，1954 年由华侨将可可少量引入海南兴隆华侨农场试种，1956 年保亭育种站和海南植物园也陆续引种试种，1960 年中国热带农业科学院香料饮料研究所（原兴隆试验站）引种试种并开始系统观察，1960—1962 年海南外贸基地局从国外大量引入可可植于乐东、保亭和三亚等地。20 世纪 80 年代结合"百万亩椰林工程"发展椰子间作可可模式，种植面积达到 533.3hm²，后来由于收购政策不落实，就地加工问题没有解决等原因，以致部分可可园逐渐放弃管理。1998 年开始，中国热带农业科学院香料饮料研究所（以下简称香饮所）在可可初加工和精深加工方面进行系统研究，解决了可可就地加工的问题，并研发出可可系列产品。2007 年以来结合温总理首次提出"林下经济"新概念以及随着海南国际旅游岛建设的发展，陆续在文昌、琼海、万宁、陵水、保亭、乐东、三亚、五指山等地的椰园、槟榔园、防风林、房前屋后和道路两边种植可可，种植规模数百公顷，在市场需求的不断推动下，其种植面积持续增加，发展可可前景广阔。

香饮所自成立之初就开始进行可可种质资源的收集保存工作。20 世纪 80 年代，通过组织"七五"国家科技攻关项目"海南岛作物种质资源考察"专题，收集可可种质资源并保存于种质圃。目前，已经借助各种渠道，收集保存可可种质 200 多份，其中 100 余份已经保存于可可种质圃。同时开展了可可种质的鉴定评价和选育种工作，系统选育出优异种质 8 份，其中热引 4 号可可抗寒性较强、盛产期可可豆平均产量为 1 578.2kg/hm²，是世界平均产量的 3.3 倍，I－H－18 品种可可豆平均产量为 1 810.4kg/hm²，是世界平均产量的 3.8 倍，表现出了较高的产量潜力，I－H－6 品种品质优良，可可脂含量达到 56%。同时对可可生物学特性、优良品种选育、良种繁育技术、丰产栽培技术、标准化生产技术等进行系列研究，取得"可可栽培技术研究"、"可可种质资源性状和海南岛可可种质资源考察"等科研成果 7 项，获省部级科技成果奖 2 项，制定农业行业标准 1 项、海南省地方标准 1 项，为中国可可产业发展提供了理论依据与技术支撑。

二、消费现状

世界可可制品消费严重不平衡，可可消费者主要集中于发达国家，可可豆的买方主要是发达国家的巧克力加工企业。可可豆的主要消费国加工比例如下：美国 32.7%，德国 11.6%，法国 10.3%，英国 9.2%，俄罗斯 7.7%，日本 6.4%，意大利 4.6%，巴西 3.7%，西班牙 2.8%，加拿大 2.6%，波兰 2.6%，墨西哥 2.5%，比利时 2.2%（表 1-2）。在世界糖果总产量中，巧克力产品以 46.2% 的比重，创造出 54.6% 产值。巧克力产业全球年收益超过 5 000 亿元人民币，其中 60% 的贸易额集中在欧美地区。在西班牙、瑞士、比利时等国家，巧克力已经成为国民经济的支柱产业。德国是全球巧克力消费量最大的国家，年人均消费 13.3kg；英国年人均消费 13.0kg；挪威年人均消费 12.5kg；瑞士年人均消费 12.4kg；比利时年人均消费 10.3kg；美国年人均消费 9.0kg；亚洲的日本、韩国年人均消费 2.8kg。可可豆及其制品行业主要受其下游市场消费影响。人们对生活和健康有着更高的期望值，认为可可豆中含有大量的酚类和抗氧化剂物质，可以帮助人们刺激神经系统并改善心血管循环系统，因而可可制品成为营养学家推荐的世界十大减肥食品之一。近年来，纯巧克力即含糖、牛奶、面粉量少的巧克力受到世人特别是欧洲消费者的喜欢。随着全球经济在 2009—2010 年逐渐复苏，特别是发达国家在金融危机后经济逐步反弹，全球对中、高档可可制品需求量不断增加。

中国巧克力年人均消费不足 0.07kg，不及西方国家平均消费水平的 1%。近年来，随着国民经济的快速发展及人民生活水平的提高，我国居民对可可制品的消费需求日益增加。据中华人民共和国海关总署数据统计，我国年进口可可豆及可可制品 15 万 t，且中国巧克力市场正以年均 10%～15% 的增长率迅猛发展，消费潜力高达 200 亿元。按照当前国家经济的发展规划和经济实力的增长情况，预计 2015 年国内可可产业的需求量可达 27 万 t。

表 1-2　全球可可主要加工国加工量统计（万 t）

国　　家		2008/2009		2009/2010		2010/2011	
		产量	百分比	产量	百分比	产量	百分比
欧洲	德国	34.2		36.1		43.9	
	荷兰	49.0		52.5		53.7	
	其他	64.3		63.8		63.6	
	小计	147.5	41.8%	152.4	40.8%	161.2	41.1%
非洲	科特迪瓦	41.9		41.1		36.1	
	加纳	13.3		21.2		23.0	
	其他	7.0		6.1		6.7	
	小计	62.2	17.6%	68.5	18.3%	65.7	16.7%
美洲	巴西	21.6		22.6		23.9	
	美国	36.1		38.2		40.1	
	其他	20.3		20.7		22.0	
	小计	78.0	22.1%	81.5	21.9%	86.0	21.9%
亚太地区	印度尼西亚	12.0		13.0		19.0	
	马来西亚	27.8		29.8		30.5	
	其他	25.6		28.0		29.9	
	小计	65.5	18.5%	70.8	19.0%	79.5	20.3%
可可加工总量		353.1	100.0%	373.1	100.0%	392.3	100.0%
可可原浆总量		141.9	40.2%	152.7	40.9%	159.8	40.7%

资料来源：国际可可组织年鉴。

第三节　主要成分与用途

可可是世界三大饮料作物之一，营养丰富，味醇且香，具有兴奋与滋补作用。这些特点与可可成分有关。

一、主要成分

（一）可可豆

可可豆在希腊语中意为"神仙的食物"。可可种子中富含脂肪和磷酸，碳水化合物和蛋白质的含量也很丰富（表1-3）。它的发热量达 1.80×10^4 J/kg，比面包（1.00×10^4 J/kg）、蛋类（5.31×10^3 J/kg）都高。

表1-3　可可豆养分含量（%）

可可豆	水分	脂肪	含氮物质	咖啡碱	其他非氮物质	淀粉	可可碱	粗纤维
附种皮生豆	5.58	50.0	14.13	—	13.91	8.77	1.55	4.93
炒豆	4.16	53.63	13.97	1.44	12.78	9.02	1.56	3.40

可可能提供很高的能量，远远高于鸡蛋、鱼等食品，而且可可含油酸、亚油酸、硬脂酸、软脂酸、蛋白质、维生素A、维生素 B_1、维生素 B_3、维生素 B_5、维生素 B_6、维生素 D、维生素 E，钙、镁、铜、钾、钠、铁、锌等矿物质，纤维素，多酚（包括低聚体类黄酮物质，其中主要有黄烷醇低聚体——原花青素和单体儿茶素，以及多聚体单宁），苯乙胺，可可碱等。

商品可可豆（生豆）的主要成分大致为：水分5.58%，脂肪50.29%，含氮物质14.19%，可可碱1.55%，其他非氮物质13.91%，淀粉8.77%，粗纤维4.93%，其灰分中含有磷酸盐

40.40％、氧化钾 31.28％、氧化镁 11.26％。可可豆中还含有咖啡因等神经中枢兴奋物质以及单宁，单宁与巧克力的色、香、味有很大关系。

（二）可可果肉

可可果肉营养丰富，经香饮所测试分析，可可果肉含有蛋白质 0.68％、糖（以葡萄糖计）15.55％、维生素 C 132mg/kg、维生素 B_2 0.50mg/kg，总酸（柠檬酸汁）1.31％，还含有 17 种氨基酸（总量为 0.5932％）和 10 多种人体必需的营养元素，特别含有钼（Mo）、锶（Sr）、硒（Se）、钴（Co）、锌（Zn）、硅（Si）等营养元素（表 1 - 4、表 1 - 5），可直接用于制作饮料和果酱，或用来酿酒、制醋酸和柠檬酸。

表 1 - 4　可可果肉氨基酸含量（％）

氨基酸	含量	氨基酸	含量	氨基酸	含量
L（＋）天冬氨酸	0.073 0	L（一）苏氨酸	0.028 3	L（一）半胱氨酸	0.000 0
L（＋）谷氨酸	0.150 6	L（一）丙氨酸	0.026 2	L（一）异亮氨酸	0.018 7
L（＋）丝氨酸	0.014 9	L（一）脯氨酸	0.087 0	L（一）亮氨酸	0.012 8
甘氨酸	0.019 5	L（一）酪氨酸	0.003 4	L（一）苯丙氨酸	0.017 1
L（＋）组氨酸	0.000 0	L（＋）缬氨酸	0.010 0	L（＋）赖氨酸	0.029 8
L（＋）精氨酸	0.094 1	L（一）蛋氨酸	0.007 8	总氨基酸	0.593 2

注：含量为每 100g 新鲜果肉中所含水解氨基酸总数。

表 1 - 5　可可果肉营养元素含量（mg/kg）

元素	P	K	Na	Ca	Mg	Fe	Mn
含量	170.0	2 208.0	531.3	114.8	130.4	4.48	3.20

元素	Zn	Cu	Co	Se	Cl	F	
含量	4.23	0.96	＜0.01	0.006 8	55.76	0.07	

（三）可可果壳

可可果壳占整个果实的70%～75%，可可果壳含有膳食纤维60%左右、粗蛋白5.69%～9.69%、脂肪物0.03%～0.15%、葡萄糖1.16%～3.92%、蔗糖0.02%～0.16%、可可碱0.20%～0.21%以及灰分8.83%～10.18%，此外还含有多种营养元素（表1-6）。

表1-6　可可果壳营养元素含量（mg/kg）

元素	Na	K	Ca	P	Fe	Mg	Mn	Cu	Zn
含量	1 317	480	1 640	920	40	56	20	30	34

（四）可可豆种皮

可可豆种皮占果实的4.38%，可可豆种皮的含量是商品可可干豆总量的11%～12%。种皮含有淀粉2.8%，胶质6%，纤维素18.6%，可可碱1.3%，咖啡因0.1%，氮总量2.8%，脂肪3.4%，总灰分8.1%，单宁3.3%，维生素D 300 IU及多种营养元素（表1-7）。

表1-7　可可种皮营养元素含量（mg/kg）

元素	Na	K	Ca	P	Fe	Mg	Mn	Zn
含量	471	640	1 000	3 200	100	168	80	24

二、用途

可可所含的高能量和营养物质能够有效促进青少年身体和智力的发育。可可中含有的钾能够预防脑中风和高血压，其中的软脂酸可以轻度降低胆固醇浓度，所以可可对于中老年人群也有较好的保健功效。

可可豆中的主要部分为可可种仁，经加工后用于生产可可液块、可可粉和可可脂等，这些产品是制作巧克力的主要原料。以可可为主要原料的巧克力则能缓解情绪低落，使人兴奋。巧克力对于集中注意力、加强记忆力和提高智力都有作用。吃巧克力有利于控制胆固醇的含量，保持毛细血管的弹性，具有防治心血管疾病的作用。巧克力中含有的儿茶酸与茶中的含量一样多。儿茶酸能增强免疫力，预防癌症，干扰肿瘤的供血。巧克力是抗氧化食品，对延缓衰老有一定功效。近年来，有关巧克力的研究报告不少，越来越多的研究表明，吃黑巧克力有益于身体健康，可以增加血液中的抗氧化成分，从而防止心脏病的发生。

可可果肉营养丰富，可直接用于制作饮料和果酱，或用来酿酒、制醋酸和柠檬酸。

果壳晒后磨成粉可作饲料，经堆制后可作有机肥，还可作杀线虫剂，还可抽提一种与果胶相似的胶类物质 SDF，用于提取膳食纤维和生产果酱果冻的食品工业原料。

可可种皮用途很广：可提取可可碱作为利尿剂与兴奋剂在医药上使用；可作饲料；可提取一种色素，用于制造漆染料；可用作热固性树脂的填充剂；也可提取一种可溶性单宁物质作为胶体溶液的絮凝剂。

第二章

可可生物学特性

可可树为乔木，高度因品种与环境而异，一般高达 4～7.5m，主要枝距离地面 50～150cm，冠幅 6～8m，树干直径大者可达 30～40cm，经济寿命期因土壤与抚育管理的不同而有差别，管理好的可达 50 年左右。在常规栽培条件下，植后 2～3 年结果，6～7 年龄进入盛产期。

第一节　形态特征

一、根

可可的根为圆锥根系，初生根白色，以后变成紫褐色。苗期主根发达，侧根较少。成龄树侧根深度在 35～70cm，以深度 50cm 的最多，须根位于浅表土层，侧根向旁伸展的宽度为 5m（图 2-1）。

二、茎与枝条

可可树皮厚，灰褐色，木质轻，没有年轮，除少数外，一般都具有特殊的分枝形式。实生树主茎生长到一定高度后，即分出 3～5 条几乎是平展的主枝，形成扇形枝条，以后靠直生枝生长增加高度。在我国海南省，可可定植后第二年生长 8～10 蓬叶和

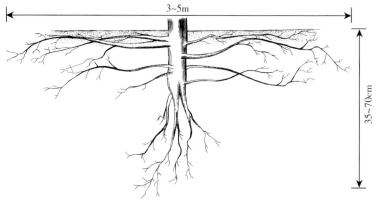

图 2-1　成龄树根系

高达 50～150cm 时即行分枝。主干有抽生直生枝的能力,直生枝具有主干一样的生长特点,直生枝如在主干基部抽生可形成多干树型,如在上部抽生可形成多层树型(图 2-2)。

按照植物学形态,可可枝条可分为两种类型。

(一)直立形

它包括实生树的主干和直生枝。直立形枝条的叶片呈螺旋状排列,而且它的生长是有限的,长到一定高度便行分枝而长出扇形枝条,但也有自扇形枝产生直生枝的。正常的直生枝一般在分枝点下发生,它在扇形枝条之间垂直生长,长到一定高度分枝,因此,直生枝能代替主干和形成多层分枝。未经修剪的可可树可能长到第三甚至第四层分枝。在中美洲的可可中,有些树没有直生枝,主干从种子长出,叶呈螺旋状排列,但这种螺旋状排列迅速展开排列成两行,没有分枝点,以后所有的树枝都是扇形枝。

(二)扇形

它包括从直立形枝条长出的主枝及从主枝上长出的各级侧

枝。它的叶片排成两列。这种枝条的生长是无限的。

这两种类型枝条在形态上虽然有差异，但均能开花结实。可可枝条的每个叶腋间都有休眠芽。当顶芽生长受到抑制或遭损伤时，就会促使休眠芽萌发。

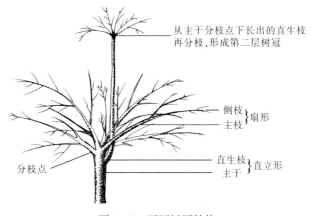

从主干分枝点下长出的直生枝再分枝，形成第二层树冠

侧枝 } 扇形
主枝

分枝点

直生枝 } 直立形
主干

图 2-2 可可树冠结构

三、叶

可可叶片呈蓬次抽生。顶芽每萌动一次，便抽出一蓬叶。在主干或直生枝上所着生的叶片，叶式是 3/8 螺旋状，但在扇形枝上抽生的叶片排列在两侧，叶式是 1/2。不同品种或品系的嫩叶，有的浅褐色，有的粉红色，有的紫红色。嫩叶较柔软，自叶柄下垂，嫩叶上有明显的托叶，但很快就脱落了。成熟的叶片呈暗绿色，全缘，叶面革质，长 7～30cm，最长达 50cm，宽 3～10cm，长卵形，叶柄两端有明显的结节（图 2-3）。在阳光过强时，可自行调节叶片倾斜度，以减少光照和蒸发量。叶片的寿命一般可保持 5～6 个月，有的长达 1 年。通常 1 个枝条上有 3 种不同龄期的叶。

在不同荫蔽度情况下，叶片的气孔状况也不同。据国外的材料，荫蔽度在 90％和 50％时，可可叶片气孔数目较多，但两者没有显著差异；荫蔽度为 25％时，则气孔数较少，无荫蔽的更少。

图 2-3 叶片的结节

浅褐色　　　　　　　粉红色　　　　　　　紫红色

图 2-4 嫩叶颜色

四、花

可可花为聚伞花序，花着生于枝干的小节上，这部位称为果枕。花整齐，两性，花程式为 $K_5C_5A_5+5C_{7(5)}$。即可可花由 5 枚萼片和 5 枚花瓣构成（图 2-5），花瓣有黄色、粉红色、紫红色（图 2-6）等，排列成镊合状，花瓣的基部很狭，上部扩展成杯状，尖端较宽呈匙状或舌状，有5个长而尖的退化雄蕊和5枚正常的雄蕊。正常的雄蕊正对着花瓣向下弯曲，以致它的花药为杯状花瓣所包裹，退化的雄蕊直立，围绕花柱生长，子房上位5室，胚珠围绕子房中轴排列，柱头5裂，经常连在一起。

退化雄蕊
雄蕊
花瓣
花药

花萼

图 2-5 花的显微图

黄 色　　　　　粉红色　　　　　紫红色

图 2-6 花瓣颜色

五、果实与种子

可可果实是荚果，也有称为不开裂的核果。其组织色泽和形状都因种类的不同而异，有近圆形、椭圆形、倒卵形、纺锤形等，但大体上是蒂端大，先端小，状似短形苦瓜（图 2-7）。果皮分为外果皮、中果皮和内果皮。外果皮有纵沟，表面有的光滑，有的呈瘰瘤状，未成熟果实颜色有莹白色、绿色、深绿色、紫红色、紫色、黑紫色等；成熟果实颜色有橙红色和黄色（图2-8至图2-10）。外果皮坚硬多肉，中果皮较薄，由木质纤维组织组成，内果皮柔软而薄。果实中有排列成5列的种子20～40粒，有的多达50多粒，每粒种子均为果肉所包围。

可可的种子习惯称为可可豆，有饱满和扁平2种类型，发芽孔（珠柄）的一端大。种皮内有2片皱褶的子叶，子叶中间夹有胚，子叶的色泽视品种而异，有粉红色、紫色、黑紫色等（图2-11）。

| 近圆形 | 倒卵形 | 椭圆形 | 纺锤形 |

图2-7　果实形状

| 光　滑 | 瘰瘤状 |

图2-8　果实表面光滑度

莹白色　　　　　　　绿　色　　　　　　　深绿色

紫红色　　　　　　　紫　色　　　　　　　紫黑色

图2-9　未成熟果实颜色

橙红色　　　　　　　　　　黄　色

图2-10　成熟果实颜色

黑紫色　　　　　　　　紫　色　　　　　　　　粉红色

图 2-11　子叶颜色

第二节　开花结果习性

一、开花习性

可可终年开花。在海南省兴隆地区，可可周年都可形成花芽和开花，但以每年的 5～11 月开花多（约占全年开花总数的 94%），1～3 月开花少（仅占全年开花总数的 6%）。据观察，每年可可的开花高峰期在 6～9 月。

可可为昆虫传粉植物。但花不具香味，也没有吸引昆虫的蜜腺。此外，雄蕊隐藏在花瓣中，而退化的雄蕊围绕柱头（见图 2-5），以致妨碍传粉，同时有些可可树的花粉很少，甚至没有花粉，且花粉粒的生命力仅能维持 12h，所以可可花的构造不利于正常的传粉和授精，导致可可结实率很低。据兴隆试验站在 1960—1963 年的观察，4 年平均结实率为 2.1%。

二、结果习性

在正常的管理条件下，2 年树龄的可可树就能开花结果（管理良好的可可园，植后 1.5～2 年就有部分开花结果），5 年以后大量结果。在海南省可可结实有 2 个主要时期：第一个时期是每年的 4～5 月，这时结实的果实称为春果（包括 6 月以前结实的果实）。春果结果不多，约占全年结实数的 3.5%～14.0%，这些果实在当年的 8、9 月成熟。第二个时期是 8～11 月，称为秋果（包括 7 月底和 12 月结实的果实）。秋果在翌年的 2～4 月成熟，占全年的 69.3%～85.7%。

可可开花结实多在主干及多年生枝上，以主干和 1～3 级枝开花结果最多（图 2 - 12）。可可受精后子房膨大，果实生长迅速，在受精后的 2～3 个月尤其迅速，4～5 个月时果实定型。从受精到成熟，需 5～6 个月。果实发育的积温，据兴隆试验站的观察为 3 600～3 700℃。在海南，发育期温度较高的春果只需 138d 就成熟，而秋果因发育期温度较低，则需 160d 左右才成熟。

图 2 - 12　可可结果习性

可可的干果率很高，据兴隆试验站的观察平均为 76.2%。干果的原因主要是营养生长与生殖生长的不平衡。此外，有一部分果实是因病虫害、干旱或强风等影响而成为干果。在观察中发现，结实后 60～70d，果横径 3～4cm 的果实干果比例最高，占全年干果总数的 88%，这与果实的增长速度一致，即果实增长最快的时候也是干果出现最多的时候。可见果实发育互相竞争是造成干果的一个原因。

可可开花结实和枝梢生长相一致，新梢萌动生长期也是可可开花结实期。但当新梢叶片处在转绿期，开花结实急速下降并大量出现干果。由于新梢生长而引起大量干果这种现象是十分明显的。即使是同一株树，不同的枝条，由于新梢生长情况不同而干果率不同，抽梢多的干果多，抽梢少的枝条干果少。

从人工控制新梢减少干果试验的结果也证明，新梢生长是引起干果的一个重要原因。新梢转绿以前摘梢可以减少干果。摘梢强度不同效果也不同，摘心留 1 片叶可以减少干果，摘心留 2 片叶不能减少干果，新梢全摘效果最好。

第三节　对环境条件的要求

可可是一种典型的热带雨林下的低层植物，它要求较高的温度、雨量和湿度。限制可可分布的主要因素是温度，在温度适宜的地方，雨量和风又成为产量的限制因子。因此，高温多雨、静风是可可速生丰产的必要环境条件。

一、温度

可可产区的月平均温度为 22.4～26.7℃，月均温 18.8～27.7℃ 可正常生长。可可能够生长的下限温度为最低月平均温度 15℃ 和绝对最低温度 10℃。

温度对枝梢的萌动和生长有明显的影响。据香饮所在兴隆地区观测温度与新梢生长的关系结果表明，平均温度在 20℃以上，新梢生长迅速，低于 20℃，生长速度减慢，低于 15℃生长完全停止。

温度过高对可可生长也不利。6～7 月抽生的新梢（第三次梢）是全年新梢生长量最少的一次，这与气温有关，在此期间的平均气温超过 28℃，尤其是在无荫蔽的条件下，阳光直射，温度高，叶片或枝条往往出现日烧病、叶黄、节间密等现象，不利于可可生长。

温度对花芽形成和着果也有影响。在果实收获前 5 个月的平均温度是决定可可花芽形成和着果的主要因素。当温度超过 25.5℃时，花芽正常形成。在主花期，日平均温度不宜低于 22℃，否则就妨碍可可花芽的正常形成。据香饮所研究表明，当温度降到 9℃时，花蕾的干枯率增加；在日均温超过 28℃的旱季，又加速可可花朵的凋谢。

温度还影响果实的生长发育。在温度较低的地区和季节，可可果实需要较长的时间才能成熟。另外，温度直接影响主干、枝条和树皮形成层的活动。

二、雨量与湿度

在大多数可可主产区，年降水量一般为 1 400～2 000mm。据加纳可可研究所对可可降水量的试验表明，1 100mm 的年降水量是不进行灌溉也能种植可可的最低降水量；在年降水量高达 3 200mm 的种植区，只要土壤排水良好，可可也能生长，但由于土壤冲刷和树冠下的湿度过高，容易发生真菌病害。

海南各可可植区雨量一般在 1 500mm 以上，但雨量分布不均匀，有明显的干旱期。要在良好的抚育管理下，可可才能正常的开花结果。

雨量对新梢的生长影响不显著，但对主干的增长却有很大的影响。6月雨季开始后茎粗增大明显；9月为全年雨量最多的月份，茎的增长最大；5月无雨，茎粗增长相对较小（表2-1）。

表2-1　可可周年内茎粗增长情况（mm）

月份	1	2	3	4	5	6
雨量（mm）	13.2	19.1	85.2	33.9	10.8	91.9
茎粗增长量	0.4	0.3	1.0	1.3	1.0	2.1
月份	7	8	9	10	11	12
雨量（mm）	218.6	337.3	389.3	197.7	68.4	70.8
茎粗增长量	1.3	2.0	3.2	1.5	2.7	0.7

可可要求较大的空气湿度。云雾多或湿度大时，可减轻干旱的不利影响。

三、光照与荫蔽度

可可是喜阴植物，不适于阳光直射，尤其在苗期及幼龄期。在高温、干燥的环境下，如果让可可受阳光直射，由于温度过高，土壤干燥，空气湿度小，蒸发量大，不仅会抑制可可的生长，还会引起严重的灼伤，使枝条甚至整株凋萎。但如果过度荫蔽，光照不足，也会影响可可的开花结果。

（一）幼龄可可

幼龄可可必须有荫蔽，荫蔽对幼龄可可的作用，不仅减弱太阳辐射，而且减慢了幼树周围的空气流动，这都有助于避免植物缺水。此外，良好的荫蔽还可避免强光对土壤腐殖质层的暴晒和雨水对土壤的淋溶，同时荫蔽树的枯枝落叶可以补充土壤有机质。据香饮所对幼龄可可在不同荫蔽度条件下的试验结果表明，适于幼龄可可树生长的荫蔽度为50%～60%。

（二）成龄可可

过了 4 年的幼龄阶段以后，可可树冠充分发育，能形成自身荫蔽，并随着树龄的增加自我荫蔽的程度也增加。因此，适当减少成龄可可树的荫蔽，可提高产量。据香饮所试验研究表明，对成龄可可园的荫蔽树进行砍伐，控制荫蔽度至 30%～40%，可提高产量。但疏伐荫蔽树后，可可园必须增施肥料，才能使可可树持续高产。

四、风

可可树叶片宽阔，枝条柔软，树冠扩展，易受风害，大风的主要影响是使可可树叶片失水过多和机械损伤，导致落叶或提前落叶。据香饮所试验研究表明，当风速达 10m/s 时，个别植株分枝折断，叶片破裂，结节处反转扭折，甚至断落。在常风较大的环境下，树冠经常摇摆，叶片互相摩擦，导致嫩叶破裂，影响光合作用；当风面树冠生长较差，致使树冠不平衡，强风还会引起落花落果。

因此，风是可可的有害因子。栽培可可应选择静风的环境或营造防风林，以保证可可正常的生长与结实。

五、土壤和地势

种植可可比较理想的土壤条件是土层深厚疏松、有机质丰富、排水和通气性能良好、根系生长不受阻碍的微酸性土壤。

可可适宜栽培在海拔较低的地方。世界大部分可可产地都在海拔 300m 以下 。但只要温度适宜，海拔较高的地方也可种植。

第三章

可可分类及其主要品种

第一节 分 类

可可的品种、变种很多。根据植物学的特点和品质的优劣来分，主要有以下 3 类。

一、克利奥洛类 (Criollo)

即薄皮种。其中有南美克利奥洛种和中美克利奥洛种。克利奥洛可可果实偏长，表面粗糙，沟脊明显，尖端突出，果壳柔软，果实成熟时呈红色或黄色；种子饱满，子叶呈白色或淡紫色，易于发酵，富含独特的芳香成分。然而，这类可可易感病，产量低，主要分布于墨西哥、委内瑞拉、尼加拉瓜、哥伦比亚、厄瓜多尔、秘鲁，种植面积仅占世界可可总种植面积的 $5\%\sim10\%$。

图 3-1　克利奥洛类（Criollo）

二、福拉斯特洛类（Forastero）

即厚皮种。这类可可的果实短圆，表面光滑，果实成熟时呈黄色或橙色；种子扁平，子叶呈紫色，发酵困难，品质次于克利奥洛。福拉斯特洛类可可植株强壮，抗性强，产量高，广泛分布于拉丁美洲、非洲，种植面积占世界可可总种植面积的80%。主要品种有 Amelonado、Angoleta、Calabacillo、Lundeamar 等。

图 3-2　福拉斯特洛类（Forastero）

三、特立尼达类（Trinitario）

即杂交种。由克利奥洛和福拉斯特洛杂交而来，果实和种子表型介于二者之间。特立尼达类可可产量较高，略低于福拉斯特洛类；可可豆品质近似于克利奥洛类可可，富含独特的芳香成分。目前，分布于世界各可可种植区，种植面积占世界可可总种植面积的 10%～15%。

图 3-3　特立尼达类（Trinitario）

第二节　主要栽培品种

世界上可可的品种很多，但只有少数品种有栽培价值，现将主要品种及其性状分述如下。

一、Amelonado

Amelonado 源于巴西，在西非广为种植。它的主干分枝点较低，枝条长而下垂，几乎接触地面，叶片呈长椭圆形，叶端尖削，叶柄短。花束茂密而粗壮，果实表面光滑，沟脊浅，平均果长 15.26cm，果径 8.5cm，接近圆形，基部收缩，成熟果实有黄色和红色两种（黄色较高产；红果类较低产，已为生产所舍弃）。种子横切面扁平，新鲜子叶呈紫色，果实大小中等。

Amelonado 品种产量高，单株平均年结果量达 146 个，单果平均含种子 42.08 粒（可可干豆粒重 0.9～1.0g），种皮率12.3%～13.2%，可可脂含量 51.6%～56%，自交亲和，生势不很强壮，但不易受病虫为害。据报道，世界商品可可豆中有85% 以上是这个品种。

二、Criollo

Criollo 原产于南美洲委内瑞拉，目前委内瑞拉、墨西哥及哥伦比亚的原生种或历史悠久的可可园中多属这个品种。果实成熟时红色或黄色，果壳通常有 10 条纵沟，其中 5 条较深，5 条较浅，相间排列。果实表面有瘿瘤，果皮容易破开，平均果长 14.27cm，果径 7.45cm，果实中平均有种子29.63 粒。

Criollo 品种自交亲和，但也能异花授粉，极易自然杂交，果实外形不一致，种子特征较一致，种子饱满，横切面圆形，新鲜子叶呈白色、淡紫色到淡红色，发酵后白色到淡褐色，有些甜味或稍有苦味。在产量和品质方面，单株平均年产可可干豆约1kg，产量较低，但其品质优良，含有较高的脂肪和糖分，水分和粗纤较少，具有良好的风味。

Criollo 可可树易受病虫为害，仅在肥沃的土壤和良好的环境下才能获得高产，在生产上少有种植。但在马来西亚和菲律宾的一些变种却具有较强的抗性，并具有粗生的特点，被认为是较有希望的育种材料。一般植后 3～4 年开始有少量果实收获，8 年后进入盛产期。

三、Amazon

Amazon 是 1930 年特立尼达培育的抗鬼帚病的品种。果荚绿色，成熟时黄色，果实大小与西非 Amelonado 相近，表皮粗糙，可可豆较 Amelonado 的小些，新鲜种子子叶呈紫色，发酵较困难。

Amazon 品种生势壮，生活力强，早产，产量较高，可可脂含量达 56%～59%，但种皮率较高，平均达 14.0%～16.0%，风味较差，在西非通常以它作杂交亲本以获得高产、优质的类型。

四、Trinitario

Trinitario 是一个杂种群（Criollo 与 Forastero 的自然杂交种）。其果实长，种子大而饱满，优良的无性系单株产量多在 1.0kg 以上，ICS89 可达每株 3.0kg。自交不亲和，实生树果形变异较大，种子大小较一致，在商业上仍归入品质上等的可可，生产上多采用无性繁殖，3～4 年开始结果，8 年进入盛产期。

五、Djati-Runggo

风味似 Criollo，但耐病性强或抗病，产量较高。近年爪哇的可可园种有这个品种。

六、CCN 51

CCN 51 是 ICS 95 与 IMC 67 的杂交后代，由厄瓜多尔选育。其抗病性很好，对鬼帚病有广泛的抗性。CCN 51 产量表现也非常好，子叶呈淡紫色，每个果含有 50 粒以上的种子，在无荫蔽条件下，产量高达 2 000kg/hm^2。

第四章

可可种植技术

第一节 育　苗

可可常用的繁殖方法有有性繁殖与无性繁殖。

有性繁殖又称播种繁殖。此法简单易行，农民多采用此法繁殖苗木。但其所生产的苗木遗传因素复杂，变异性大，植后难保其有母本的优良性状，故大面积的商业生产不种实生苗或种后再嫁接良种接穗。

无性繁殖就是利用优良母树的枝、芽来繁殖苗木。用此法繁殖的苗木遗传因素单一，能保持母树的优良性状（如高产、优质、抗性强等性状）。无性繁殖包括嫁接、空中压条、扦插与组织培养等方法，目前大规模商业生产主要用嫁接方法繁殖良种苗木。

一、播种育苗

这是可可育苗中最基础的繁殖方法。无论是培育实生苗木或嫁接砧木，都要通过播种育苗过程。播种育苗有如下步骤。

（一）种果选择和保存

选择生势健壮、结果 3 年以上、高产稳产、优质、抗逆性强的母树采果。可可种子没有休眠期，一经成熟就很容易发芽，如保藏时间过长，保管期间受干燥、真菌感染和低温影响时，种子都会丧失发芽力，因此长期保藏和运输可可果实、种子是较困难的。

若须经14d左右的运输时，只需将果实用薄纸或蜡纸包好，就可保持良好的发芽率；若须经6周到2个月的运输时，应将健全无损的果实置于通气良好和填充潮湿细木炭的有孔容器中；如果输入果实有传播病害的危险时，可将带有果肉的成熟种子置于装有相当干燥的木炭末（水分含量约30％，不能超过35％）的容器中，容器的两侧或两端打有孔眼，使种子通气。

可可种子即播，发芽快，发芽率与成苗率都高，幼苗生长良好，如用蜡封保藏最好不要超过10d（表4-1）。

表4-1　可可果实保藏时间和种子发芽与幼苗生长的关系

保藏时间	发芽情况		子叶开张时间	幼苗生长情况（播种57d测定）		
	发芽时间	发芽率（％）		苗高（cm）	茎粗（cm）	叶片数
即播	6d	97.1	9～19d	13.0	0.29	7.21
10d	8d	90.3	15～25d	10.9	0.27	5.40
20d	8d	62.9	20～27d	—	—	—
30d	10d	23.7	—	—	—	—

（二）种子处理

剖开果实时，要避免切伤种子，将种子从胎座中取出后，进行下列处理。

1. 洗涤果肉　洗除种子外附果肉，可减少蚂蚁及其他地下害虫的侵害，有利于发芽。国外一般用沙、木炭、木灰粉或石灰洗擦种子，以除去黏液。我国主要用干燥木屑、细谷壳、草木灰等进行擦洗，用木屑或细谷壳洗擦效果良好，没有副作用。注意洗除果肉时，不可损伤种子，特别要避免损伤发芽孔的一端。此外，应避免阳光直射种子。若剥除种皮，可使种子发芽快而整齐，但很费工。

2. 种子选择　位于果实中部的种子，一般比位于两端的种子稍重，但在生长上未显出任何差异。选择种子时就把不充实的和在果实中发芽的种子除去，在发芽后期萌发的种子以及萌芽而无力伸出土面的种子也不宜继续保留培育。这类幼苗生势弱，易受病害，很难生长成壮苗。

3. 催芽　催芽可使果肉发酵和除去甜味，并使幼苗生长整齐一致，利于苗圃管理。

催芽方法简单，把种子撒在厚约 10cm 的河沙上，并盖沙 2～3cm，置于阴凉处，使之经常保持湿润。当种子露出白点时，即可播种。在冬季低温期间，为了免受冷害，可采用塑料薄膜覆盖催芽。

（三）苗圃建立和播种

1. 苗圃的建立　宜选择靠近植区、近水源、静风、湿润、排水良好的缓坡地或平地作苗圃地。

建立苗圃地须仔细规划，要开好排水沟和运苗的通道，要设立荫棚和防风障。荫棚的大小、距离和走向应根据苗圃的实际情况而定，荫棚的荫蔽度要均匀一致，以 70％～75％ 为宜。

2. 育苗袋的准备　为了方便定植与提高定植成活率，须用营养袋育苗。一般用聚乙烯薄膜制成口径 16～18cm、高 20～22cm 的封底塑料袋，袋壁打上少许小孔。

3. 营养土的制备　营养土的制备适当与否直接关系到幼苗的生长。较好的营养土配方为：pH 5.6～6.0，质地良好的壤土 6 份，腐熟的有机肥 3 份，清洁的沙 1 份，此外还加入少量钙镁磷肥（约 0.5％）。装好袋后置于荫棚下即可播种。为了便于管理，一般按每畦 2～3 行排列整齐。

4. 播种 在填装好营养土的塑料袋中央，用食指或小木棍开一深 2.5～3.0cm 的小洞，然后将准备好的种子播下。可可种子不宜深播，一般以土盖过种子即可。播种时珠柄必须朝下，否则子叶出土困难，易造成幼苗畸形（图 4-1、图 4-2）。但如辨不出珠柄在哪一端，也可侧播。对已催芽的种子视根的长短用小木棍在袋中挖一小洞将种子播下，其深度与土面平。播种后用稻草或椰糠覆盖。

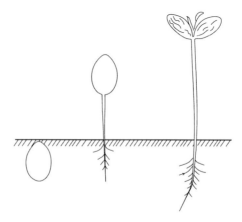

顺播种子

珠柄朝下，顺着播种姿势子叶顺利伸出土面

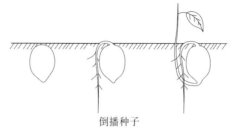

倒播种子

胚根向上伸长后才弯向地里，胚根弯曲，

子叶难出土，形成畸形植株

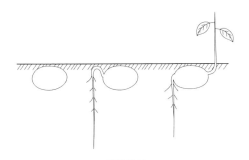

侧播种子

一般情况下可采用，但若在土壤板结的情况下会造成子叶难出土

图4-1 可可的播种形式

顺 播 侧 播 倒 播

图4-2 不同播种形式可可生长情况（播种第15天）

（四）幼苗抚育

1. 幼苗发育 可可种子在良好的环境下发芽很快，播后5d

即开始发芽，9d 达到盛期，半个月发芽完毕。部分种子在播种后 9d 即长出真叶，叶片从萌发到稳定需 15～20d，第一蓬叶稳定到第二蓬叶出现约需 25d。幼苗生长量一般随蓬次的增加而增大。地上部分和地下部分生长的相互关系很密切，当胚根伸长并长出第一轮侧根时，子叶就顶出土面；当第二轮侧根长出时，子叶开张并迅速生长；当子叶转绿顶芽稳定时，主根迅速生长。在土壤良好疏松的情况下，主根伸长往往比地上部分快。

2. 抚育管理　可可在苗期较为娇嫩，在这个阶段必须根据幼苗的生长发育情况给予周密细致的抚育管理。

（1）检查　播种后，在子叶出土与张开期间，应经常检查种子是否有倒播，土壤是否板结，播种是否过深等。如子叶出土困难，应拨开土壤，助其出土。在高温干旱季节，有一部分种子在叶出土后，子叶不能挤破种皮，致使张开困难。此外，由于可可种子两片子叶呈疣状沟槽，部分子叶相互嵌合，以致不能自行张开，形成畸形株或死亡。这两种情况，均应进行人工辅助，在大部分子叶开张后，对那些子叶尚未开放的，应摘掉种皮，使子叶张开。

（2）淋水　在苗期，应经常保持土壤湿润，在种子发芽到第一蓬真叶老熟前，应供应充足的水分。在海南，前期须每天淋水1 次，后期逐渐较少淋水量，或每 2d 淋 1 次。在定植前应较少淋水量。

（3）追肥　在第一蓬真叶老熟后和子叶开始脱落前，开始追肥。肥料最好选用稀薄的腐熟有机肥，如沤熟的牛粪水、粪尿等，浓度一般为 1：15，次数视基肥、土壤肥力以及幼苗生长情况而定。播种 3 个月后，可用 0.5% 复合肥淋施，每月 1 次。

（4）病虫害防治　在海南，苗期害虫主要有大头蟋蟀、蚜虫、金龟子幼虫、非洲大蜗牛、地老虎等，病害有疫病等。大头蟋蟀可用毒饵毒杀或捕杀。

二、无性繁殖

无性繁殖就是利用植物的营养器官（如枝、芽）繁殖种苗，有如下几种繁殖方法。

（一）嫁接

嫁接属无性繁殖的一种。嫁接苗既可保存母本的优良性状，又可利用砧木强大的根系，有利于提高植株抗风、抗旱能力，使植株生长健壮，结果多，寿命长。目前，大规模的商业生产都是通过嫁接繁殖苗木。

应用于可可嫁接的方法有芽接与枝接 2 种。

1. 芽接

（1）采接穗 接穗取自结果 3 年以上的高产优质优良母树，选取直径 1.0～1.5cm 和芽眼饱满的 1～2 年生半木质化枝条，剪去叶片，保留叶柄。

（2）砧木 选择 1～1.5 年树龄、茎粗 1.0～2.0cm、株高 80cm 左右、无病虫害、生长健壮的实生可可苗作砧木。砧木苗最好为袋装苗或其他容器培育的苗木。

（3）芽接时间 3～4 月或 9～11 月雨旱季交替的时期适宜芽接。在高温期、低温期、雨天不宜芽接。

（4）芽接操作 目前多采用等贴补芽接法嫁接，其操作步骤如图 4-3。

a. 开芽接位。在砧木苗主干离地 10～15cm 处进行芽接，剪去顶芽和芽接部位以下的枝叶。在芽接位点左右各纵切一刀，宽度与芽片相当或略宽于芽片，在纵切口上部横切一刀，用拇指抵住一侧将皮上部剥离，准备芽接。

b. 削芽片。选用充实饱满的叶片，在芽点上部 1.0cm 和下部 1.0～1.5cm 处各横切一刀，再在芽点左右各纵切一刀，宽度

开芽接位　　　　　　削好芽片　　　　　　　接　合

捆　绑　　　　　　　　解　绑

图4-3　芽　接

为0.8～1.0cm，刀口均深达木质部，小心取出芽片。芽片必须完好无损，略小于芽接口。不剥伤芽片是芽接成功的关键。

　　c．接合。剥开接口的树皮，放入芽片（芽片比接口小0.1cm），切去砧木片约3/4，留少许砧木片卡住芽片，以利捆绑操作。芽接口应完好无损。

　　d．捆绑。用厚0.01mm、宽约2cm、韧性好的透明薄膜带自下而上一圈一圈缠紧，圈与圈之间重叠1/3左右，最后在接口上方打结。在绑扎过程中，轻扶芽片，使芽片与砧木形成层对齐。绑扎紧密也是嫁接成功的关键之一。

　　e．解绑与剪砧。嫁接后30～45d解绑，期间如温度较高可较早解绑，温度较低可适当延长。11月芽接的翌年2月解绑。解绑1周后，凡芽片成活的植株，在芽接位上方将砧木一边用刀切去大半，然后将切口上部的植株弯向地面，并减去一部分枝叶。7～8个月后，切除接合点上方砧木。不成活的，可重新芽接。

2. 枝接

（1）接穗削取　将接穗截成长5～8cm、带有3～4个芽为宜。把接穗削成两个削面，一长一短，削面长2～3cm。在其背面削成1cm的小斜面，使接穗下面呈扁楔形。

（2）砧木处理　选择1～1.5年树龄、茎粗1.0～2.0cm、无病虫害、生长健壮的实生可可苗作砧木，在离地4～6cm处剪断

削取接穗

砧木处理

接　合

捆　绑

图4-4　枝　接

砧木，用刀在顶部或侧面断面皮层内略带木质部的地方垂直切下，深度略短于接穗的长斜面，宽度与接穗直径相等。

（3）接合　把接穗大削面向里，插入砧木切口，务必使接穗与砧木形成层对准靠齐，紧密结合。

（4）包扎　用麻绳或塑料绳扎缚紧，并从顶部用塑料膜套至包扎口绑紧，待萌芽后将塑料膜摘掉。

3. 接后管理　嫁接后未解绑前，视土壤干湿情况适时灌水，保持土壤湿润，但不宜施肥。芽片萌芽后按实生苗追肥方法进行施肥。

解绑前应将蚂蚁净撒在蚂蚁经常出没的地面防止蚂蚁咬破绑带。解绑后若发生病害，防治方法同实生苗。

及时剪除砧木上的萌芽。

（二）扦插

插条有枝插条与单节插条 2 种。一般多采用枝插条，因为它比单节插条发育快，培育 15～16 个月即可定植。仅在插条供不应求时，才用单节插条。

1. 枝插条　从生势旺盛的健康植株选取叶片完全呈绿色、刚成熟的枝条作为插条，插条长 20～30cm，3/4 呈绿色，一般称为"半硬木插条"。宜在早晨 7～9 时剪取插条，剪下后须保留顶端 3～6 片叶，并将其剪去 1/3～1/2，其余叶片则齐枝干剪去，切口平，将其基部置于生根粉中浸渍 24h，将处理后的插条斜插于沙床，其密度以叶片不相遮盖为度，沙床上盖椰糠，空气湿度应接近 100%，温度不宜超过 30℃，荫蔽度须控制在 75%～80%。国外采用完善的设备培育可可枝插条，其发根率达 70%～80%，插条发根后，须经锻炼与健化，方可移植苗圃。

2. 单节插条　取与枝插条大小相同的枝条，再分成单节插条。制备单节插条时，应将顶芽除去，并在每一节上约 1/4 处分切枝条。跟枝插条一样修剪叶子，其他处理与枝插条相同。

（三）空中压条（圈枝）

采用圈枝方法进行无性繁殖，其优点是植株矮化、方便管理，可提早结果，保持了优良特性；缺点是无主根，结果小而少，树体抗风力稍弱，向背风面倾斜。定植第二年起可开花结果。

（四）组织培养

有性繁殖的植株，虽然有些个体会出现抗性强或产量高等优点，但个体间产量、抗性和株高等存在不同差异，一些植株的产量远低于亲本的产量。依靠扦插繁殖和嫁接繁殖获得的可可苗常常不能直立生长，也不产生直根，在干旱或强风时，因水分缺乏或固着困难等问题导致植株生长不良或死亡。可可的组织培养可为大规模生产提供优良种苗，亦可进一步通过遗传操作获得转基因植物，从而改良可可品质。

自 1954 年以来，国内外学者在可可的组织培养方面做了长期的研究工作。Lopez-Baez 等（1993）首次从不成熟花芽的退化雄蕊中获得体细胞胚胎，再通过几个阶段的诱导分化获得再生植株。我国黄碧兰（2005）以花芽的退化雄蕊和种子子叶为外植体，通过胚状体的发生，诱导出可可再生植株，同时以可可茎尖和带茎节的茎段为外植体，通过增殖方式获得了再生植株。黄碧兰等（2004）研究结果显示，取 1 年生嫩枝，剪去叶片，保留叶柄，剪成 1cm 左右的单节茎段，用饱和洗衣粉清洗，流水冲 20min，用 2％乙醇＋10mmol/L 维生素 C 浸泡 30min，之后用 4％次氯酸钠加 10mmol/L 维生素 C 浸泡 15～30min，无菌水洗 3～5 次，再用无菌的 10mmol/L 维生素 C 浸泡 30～40min，茎尖伸长、茎节形成及茎段获得丛生芽的培养基为 DKW＋NAA 2.0mg/L＋2％蔗糖＋维生素 C 0.1g/L＋1％琼脂粉，增殖 3 代后切割单芽进行生根培养，生根培养基为 1/2DKW＋KNO₃ 0.3g/L＋IBA 1.5mg/L＋IAA 0.5mg/L＋2％蔗糖＋1％琼脂粉。生根瓶苗在移栽前置于强日光下闭瓶炼苗 1 周，后在散光下开瓶炼苗 1 周，在温室移栽，移栽时在清水中洗去根部的培养基，插入火烧园土的基质中，保湿 10d 后，逐步通风，每日浇水，待植株长至 15～20cm 高时，炼苗后移至田间种植。

（五）组织培养与传统繁殖方法相结合

为了降低可可组织培养成本，将其与传统繁殖方法相结合。将组培苗移栽到大田，待其长到 90～120cm 高时，为减弱或解除可可植株的顶端优势，促进可可植株上先前处于休眠状态在较低部位的组织生长，将茎干弯曲并固定在水平位置上。处理后，一般有 5 个左右的芽萌发。芽萌发 2 个月后，去除顶端，将之从基部切下，在温室中进行扦插繁殖。压弯的植株上的不定芽继续萌发，一段时间后又可用同样方式处理获得植株。这样的插条在生长过程中往往能形成如种子植株类似的直根系。采用这种繁殖方式，每年可从单个体细胞胚植株上获得 250 个植株，与单纯组织培养获得植株相比大大降低了可可的组织培养成本。

三、出圃

（一）出圃苗标准

1. 实生苗标准 种源来自经确认的品种纯正、优质高产的母本园或母株，品种纯度≥95％；出圃时营养袋完好，营养土完整不松散，土团直径≥15cm、高≥20cm；植株主干直立，生长健壮，叶片浓绿、正常，根系发达，无机械损伤；株高≥30cm；茎粗≥0.4cm；苗龄 3～6 个月为宜。

2. 嫁接苗标准 种源来自经确认的品种纯正、优质高产的母本园或母株，品种纯度≥98％；出圃时营养袋完好，营养土完整不松散，土团直径≥15cm、高≥20cm；植株主干直立，生长健壮，叶片浓绿、正常，根系发达，无机械损伤；接口愈合程度良好；株高≥25cm；茎粗≥0.4cm、新梢长≥15cm、新梢粗≥0.3cm；苗龄6～9个月为宜。

（二）包装

可可苗在出圃前应逐渐减少荫蔽，锻炼种苗，在大田荫蔽不足的植区，尤应如此。起苗前停止灌水，起苗后剪除病叶、虫叶、老叶和过长的根系。全株用消毒液喷洒，晾干水分。营养袋完好的苗不需要包装可直接运输。

（三）运输

种苗在短途运输过程中应保持一定的湿度和通风透气，避免日晒、雨淋；长途运输时应选用配备空调设备的交通工具。在运输装卸过程中，应注意防止种苗芽眼和皮层的损伤。到达目的地后，要及时交接、保养管理，尽快定植或假植。

（四）储存

种苗出圃后应在当日装运，运达目的地后要尽快定植或假植。如短时间内无法定植，应将袋装苗置于荫棚中，并注意淋水，保持湿润。

第二节 种 植

一、园地选择与规划

根据可可对环境条件的要求，选择适宜的种植地。温度是首先要考虑的因素。此外，要生产优质可可，海拔与坡向的选择，适合的光照、温度、湿度等小气候环境的创造，也是非常重要的。种植地规划合理将会给可可园管理、产品初加工等工作的进行打下良好基础。

（一）园地选择

1. 气候条件 选择月均温 22～26℃、年降水量 1 800～2 300mm 的地区建园。

2. 土壤条件 选择土层深厚、疏松、有机质丰富、排水和通气性能良好的微酸性土壤。

3. 立地条件 在海拔 300m 以下的区域，选择湿度大、温差小、有良好的防风屏障的椰子林地、缓坡森林地或山谷地带。

（二）园地规划

根据地形、植被和气候等情况，周密规划林段面积、道路、排灌系统、防风林带、荫蔽树的设置及居民点、初加工厂的配置等内容。

1. 小区与防护林 小区面积 2～3hm²，形状因地制宜，四周设置防护林。主林带设在较高的迎风处，与主风方向垂直，宽 10～12m；副林带与主林带垂直，一般宽 6～8m。平地营造防护林选择刚果 12 号桉、木麻黄、马占相思、小叶桉等速生抗风树种，株行距为 1m×2m。

2. 道路系统 根据种植园的规模、地形和地貌等条件，设置合理的道路系统，包括主路、支路等。主路贯穿全园并与初加工厂、支路、园外道路相连。山地建园呈"之"字形绕山而上，且上升的斜度不超过 8°；支路修在适中位置，把大区分为小区，主路和支路宽分别为 5～6m 和 3～4m，小区间设小路，路宽 2～3m。

3. 排灌系统 在园地四周设总排灌沟，园内设纵横大沟并与小区的排水沟相连，根据地势确定各排水沟的大小与深浅，以在短时间内能迅速排除园内积水为宜。坡地建园还应在坡上设防洪沟，以减少水土冲刷。无自流灌溉条件的种植园应做好蓄水或引提水工程。

4.种植密度　平地种植株行距 2m×2.5m，坡地种植株行距 2.5m×3m。

二、园地开垦

林地建园除按规划保留防护林外，适当保留原生乔木作为可可荫蔽树，控制园地自然荫蔽度 50% 左右。坡地建园尽可能采用梯田或环山行开垦，以减少水土流失；平地采用全垦，清除杂草、树根等杂物。

（一）森林地的开垦

在森林地建立可可园时，应保留适当的原生乔木作荫蔽树，避免过度伐除，以免植地裸露而遭受冲刷与阳光直射。据特立尼达的试验结果，清垦园地树木，使蒸发量增大 4.5 倍，伐除森林，使森林底层的辐射能量增大 12 倍；在旱季，表土 15cm 内的疏松沙土含水量约减少 2/3；由于氧化作用加剧，碳氮比显著降低，土壤有机质含量大为减少，而且杂草丛生。在西非某些地区，由于轻率地伐除森林，致使雨量减少，环境变劣，从而影响可可的生长。因此，在开垦森林地时，应保留适当数量的深根林木作可可的上层荫蔽而不要全部砍除。

开垦森林地应在旱季之初，以便在雨季来临时种植可可。这样，当旱季来临时，可可已生长良好。砍伐时不可烧垦，以免破坏森林下积累的腐殖质，最好是将伐除树木的细枝树叶作覆盖用。森林地的开垦一般采用局部开垦或带垦，这样既可节省劳力，留下的荫生带和未开垦部分又可成为良好的屏障。

（二）熟荒地或草原地的开垦

开垦熟荒地或草原地种植可可时，最好是全垦后，先种植荫蔽树、防风林与覆盖作物，创造一个良好的环境，然后再种植可可。

三、可可荫蔽树的配置

适当的荫蔽是可可（特别是幼龄可可）良好生长的必要条件，尤其是在有效养分水平较低的土地上。因此，新建可可园必须注意配置荫蔽树。

为了形成一个良好的荫蔽和避免荫蔽树同可可树过度争夺水分、养分，理想的荫蔽树应是生长迅速、叶片细小、树冠开阔、枝条稀疏、耐修剪、根深、抗强风、没有与可可相同的病虫害、与可可树不竞争或少竞争水分和养分的植物。

（一）临时荫蔽树

在可可的荫蔽树没有或尚未起到作用时，必须设临时荫蔽的地面覆盖。最好选用一些能迅速给幼龄可可提供适当荫蔽并有经济效益的作物作临时荫蔽。如香蕉、木薯、银合欢、山毛豆等。临时荫蔽树通常种在可可行间，待可可长大结实和永久荫蔽起作用后，才能逐渐疏伐。同时，在空地上可种花生、黄豆等作地面覆盖。

（二）永久荫蔽树

应根据各地情况，选择适合当地环境条件并有经济价值的作物作永久荫蔽树。国内外常用椰子、槟榔、橡胶、橡树、甜荚树等作为可可永久荫蔽树。永久荫蔽树最好在种植可可前一年在可可行间与可可并列种植（图4-5）。

1. 经济林间作可可　目前我国主要在椰子和槟榔两种经济林下种植可可（图4-6、图4-7），成龄椰子园和槟榔园有效光

槟　榔

椰　子

图 4-5　永久荫蔽树

照率在 40%～60%，正好满足可可生长。中国热带农业科学院香
料饮料研究所分别于 1984 年和 2000 年利用椰子、槟榔和可可的优
势互补，因地制宜地开展椰子、槟榔间作可可高效栽培模式研究，
结果表明：间作可可能起到减少槟榔树干受太阳直射的效果；可
可凋落物降解，既抑制杂草、保持水土、增加土壤有机质和养分，
又减少了肥料投入和劳动力支出；种植间作物——可可，可充分
利用土地，既增加了单位面积经济效益，又提高了主作物——椰

图 4-6　椰园间作可可规划

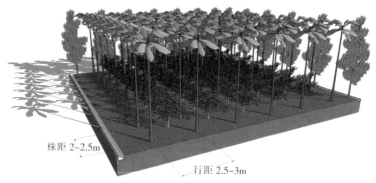

图 4-7　槟榔园间作可可规划

子和槟榔的产量，是一项有效增加经济收入的农业措施。此外，实行间作还能在生态上相互配合，相辅相成，可防除杂草和保持水土，调节土壤温度，促进土壤有益微生物的活动。

2. 其他模式　中国海南、台湾为台风多发地带，种植各种经济作物都需做好防护林的规划与建设。一般防护林树种为台湾相思、木麻黄、小叶桉、刚果 12 号桉等高大树种，它们可为可可提供荫蔽。可在防护林下种植可可，增加额外经济收入。同时也可在可可宜植区的公路边、菠萝蜜园等热带果园及房前屋后的零散地，进行分散式种植，以充分利用土地。

四、植穴准备

（一）挖穴

植前 1 个月按株行距挖 60cm×60cm×60cm 的大穴，并将表土、底土分开放，同时捡净树根、石块等杂物，暴晒 15d 左右，表土放底层、底土放表层进行回土。

（二）施基肥

根据土壤肥沃或贫瘠情况施穴肥。每穴施充分腐熟的有机肥（牛粪、猪粪等）10～15kg、钙镁磷肥 0.2kg 作基肥，先回入 20～30cm 表土于穴底，中层回入表土与肥料混合物，表层再盖表土。回土时土面要高出地面约 20cm，呈馒头状为好。植穴完成后，在植穴中心插标。

五、定植

可可苗根系较弱，叶片大，易于失水，定植时必须贯彻随起苗、随运输、随定植、随淋水、随遮阴、随覆盖等作业。如苗出圃后因故延迟定植时，应将苗木置于荫蔽处，并淋水保持湿润。

（一）定植时期

定植时期视各地的气候情况及幼苗的生长情况而定。在海南，春、夏、秋季均可定植，但以雨水较为集中时定植最佳，多选择在7～9月高温多雨季节进行，有利于幼苗恢复生长。在春旱或秋旱季节，灌溉条件差的地区不宜定植。在冬季低温季节，定植后伤口不易愈合，且不易萌发新根，影响成活率。这些地区应尽早在早秋季节定植完毕，这样在低温干旱季节到来之前，幼苗已恢复生机，翌年便可迅速生长。

（二）定植方法

起苗时伤根过多的植株，可根据苗木强弱，剪去1/2～2/3的叶片，以减少水分蒸腾。但剪叶不可过度，否则会影响可可树的生长。

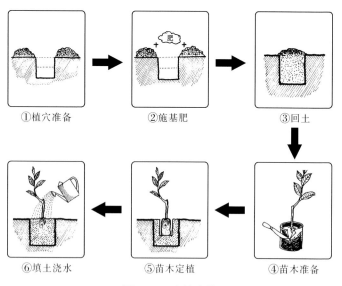

①植穴准备　②施基肥　③回土　④苗木准备　⑤苗木定植　⑥填土浇水

图4-8　定植步骤

按种苗级别分小区定植。定植时把苗放于穴中，除去营养袋并使苗身正直，根系舒展，覆土深度不宜超过在苗圃时的深度，分层填土，将土略微压实，避免有空隙，定植过程中应保持土团不松散。植后以苗为中心修筑直径 80cm 的树盘并盖草，淋足定根水，以后酌情淋水，直至成活。植后应遮阴并立柱护苗，一般可用棍子插入土中直立在苗旁或将棍子斜插在土中与苗的主干交叉，立柱后用绳子把苗的主干适当固定在棍子上，植后约半年苗木正常生长后可除去棍子。定植步骤见图 4-8。

（三）植后管理

定植后 3～5d 内如是晴天和温度高时，每天要淋水 1 次，在植后 1～2 个月内都应适当淋水，以提高成活率；如遇雨天应开沟排除积水，以防止烂根。植后 1 个月左右抽出的砧木嫩芽要及时抹掉，并对缺株及时补植，保持果园苗木整齐。

第三节 田间管理

一、土壤管理

可可根系比较纤弱，主要根系都分布在表土层，因此加强土壤管理、保护好土壤表层的有机质和良好的结构就显得十分重要，尤其是树冠尚未郁闭的幼龄可可园。

（一）土壤覆盖

可可原产于热带雨林下，高温高湿的环境使其快速生长，故在幼树期到树体本身能通过落叶形成覆盖层前，应进行树盘周年根际覆盖（图 4-9），形成与原产地相似的雨林根际环境，减少土壤水分蒸发，夏降土温，冬升土温，增加表土有机质，减少杂草。

死覆盖 活覆盖

图 4-9 覆　盖

1. 死覆盖　在直径 2m 树冠内修筑树盘，以枯枝落叶、椰糠或秸秆作为覆盖物，厚 3～5cm，并在其上压少量泥土，覆盖物不应接触树干。行间空地可保留自然生长的草。

2. 活覆盖　活覆盖是在可可行间种植卵叶山蚂蟥、爪哇葛藤、毛蔓豆等豆科作物。不宜间作甘蔗、玉米等高秆作物或耗肥力强的作物，间作物距可可树冠 50cm 以上。对活覆盖必须加强管理，防止其侵害可可植株。

（二）中耕除草与深翻压青

植株成活后，每年应中耕除草。一般幼龄树每年 3～4 次，并结合松土，以提高土壤的保水保肥能力和通气性。可可成龄后一般不主张在植株附近深耕与松土，于每年夏季或冬季，进行深翻扩穴压青施肥，以改良土壤。沿原植穴壁向外挖宽 40cm、深

40cm、长 80～100cm 的施肥沟，沟内施入杂草、绿肥，并撒上石灰，再施入腐熟禽畜粪肥或土杂肥等有机肥约 10kg 和钙镁磷肥或过磷酸钙 300g 后盖土。每年扩穴压青施肥 1～2 次，逐年扩大。

二、水分管理

在雨水分布不均匀，有明显旱季的地方，当土壤水分减少到只有有效水的 60％时，可可的光合作用与蒸腾作用开始下降。因此，为了保证土壤有足够的水分供应可可正常生长，在旱季应及时灌溉或人工灌水。

在雨季，如果园地积水，排水不良，也会影响可可的生长。因此，在雨季前后，对园地的排水系统应进行整修，并根据不同部位的需求，扩大排水系统，保证可可园排水良好。

三、荫蔽树管理

为了形成一个良好的荫蔽，在对可可树进行整形修剪的同时，还必须根据气候、土壤条件和植株生长情况对荫蔽树进行修剪。荫蔽度过大，会导致可可树不能正常抽芽、开花、结果。因此，随着可可树的生长，树冠逐渐郁闭地面，荫蔽度必须逐渐减小，尤其是土壤比较肥沃的园地，一般当永久荫蔽树起荫蔽作用时，应及时将临时荫蔽树砍掉；当荫蔽度过大时，应对过多的荫蔽树枝条进行修剪或疏伐荫蔽树；当可可的荫蔽度不足时，就应种植或补种荫蔽树。

四、施肥管理

可可树生长需要的主要营养元素有氮、磷、钾、钙、镁、硫、铁、锰、铜、锌、硼和钼等（图 4-10）。可可树生长迅速，幼树每年抽生新梢 6 次左右，进入结果期后，除了营养生长外，还终年开花结实。可可对养分的需要量还与可可树所处的荫蔽度有关。当荫蔽度低时,需要更多的养分才能达到高产;如果荫蔽合适,则达到高产时的需肥量就要少得多。根据可可树在成龄

图 4-10 可可养分需求图

时，一般 40%～60% 的荫蔽较合适，以下论证的施肥量都是指在该荫蔽度之下的施肥量。

按每公顷平均年产可可豆 800kg 计，每年从每公顷土壤吸收氮 16kg、磷 7kg、钾 10kg、钙 2.4kg、镁 4kg。但是，可可果实所消耗的养分在可可园所消耗的总养分中，仅占很小的比例，植株的根、干、枝和叶片等组织及荫蔽树消耗了更多的养分，还有一些养分则被雨水淋溶或暂时不能利用。因此，每年必须给土壤补充大量的养分，才能保证可可树持续开花结果。

加纳的专家研究认为，可可的生长发育需要较多的有机质。有机质含量高，提高了土壤孔隙度和田间持水量，从而提高了土壤肥力，改良了土壤的理化性质，满足了可可的各种营养元素。

中国热带农业科学院香料饮料研究所的研究表明，幼龄可可每年施有机肥 15kg/株，主干月平均增粗达 0.21cm，比对照增加 133.3%，且在定植一年半后有 40% 植株开花，而对照未开花。施有机肥后，促进了可可根系的伸展和增加吸收根的数量。因此，充足的有机肥是可可速生丰产的重要条件。

根据可可生长结实对养分的要求，除了充足的有机肥外，还要配合施用化肥。特立尼达皇家农学院进行多年可可肥料试验结果表明，钾肥的施用可减少可可树的干果，提高坐果率，对可可的增产效果十分显著，可可豆产量比试验前增加了 247%。氮肥的施用对幼龄可可的生长发育有显著效果，可以提高初产期的产量，但在可可树冠已发育起来且互相荫蔽以后，施用氮肥的效果就不显著。施用磷肥也能使可可获得增产效果。

科特迪瓦的研究认为，养分间比例的平衡比实际施用量更重要，发现钾、钙、镁的最适比例为 1：8.5：3，氮和磷的最适比率为 2：1，按这一配方对 4 年生的可可树施肥，在第二年就可使每公顷产量增加 300～600kg 干豆。同时还发现，钙可促进可可枝条的发育与生长，提高产品的品质；镁可消除脉间褪绿病；适量的锌可提高产量；适量的硼可促进生长。因此，可可需要充足而平衡的土壤养分。此外，可可园种植了荫蔽树，荫蔽树本身每年消耗土壤中储备的大量养分，也必须靠施肥不断予以补充。

根据多年试验和经验，总结我国可可施肥方案见表 4－2。

表 4－2 我国可可施肥方案

定植年限		有机肥（kg/株）	化肥（kg/株）				施肥时期与方法
			尿素	过磷酸钙	氯化钾	复合肥	
幼龄树	第一年	10～15	0.11	0.21	0.055	0.15	（1）有机肥：春节前轮流穴施，离树干 35～40cm；（2）化肥：肥料分五等份，4月和 7～8 月各施 1 次水肥，5月、9月和 10～11 月开浅沟施
	第二年	10～15	0.17	0.32	0.082	0.23	
	第三年	10～15	0.22	0.42	0.11	0.30	
成龄树	第四年之后	15～20（另加 100g 钙镁磷肥）	0.25	0.44	0.18	0.30	（1）有机肥：春季前结合可可落叶，冠幅外穴施；（2）化肥：肥料分三等份，5月、8～9月和 10～11 月在冠幅边缘开沟施；（3）叶面喷施：在 6月、7～11 月每隔 15d 喷施 1 次

（一）幼龄园施肥

幼龄园勤施薄肥，以氮肥为主，适当配合磷、钾、钙、镁肥。定植后第一次新梢老熟、第二次新梢萌发时开始施肥，每株每次施腐熟稀薄的人畜粪尿或用饼肥沤制的稀薄水肥 1～2kg，离幼树主干基部 20cm 处淋施。以后每月施肥 1～2 次，浓度和用量逐渐增加。第二至三年每年春季（4 月）分别在植株的两侧距主干 40cm 处轮流穴施 1 次有机肥 10～15kg，5 月、8 月、10 月在树冠滴水线处开浅沟分别施 1 次硫酸钾复合肥（15：15：15），每株施用量 30～50g，施后盖土。

（二）成龄园施肥

每年春季前在可可冠幅外轮流挖一深 30～40cm、长 60～80cm、宽 20cm 左右的穴，结合压可可落叶，施 1 次有机肥，每株施用量 12～15kg（图 4 - 11）。5 月、8 月、10 月在树冠滴水线处开浅沟分别施 1 次硫酸钾复合肥（15：15：15），每株

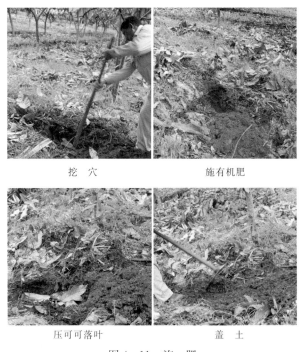

挖　穴　　　　　　　　　施有机肥

压可可落叶　　　　　　　盖　土

图 4 - 11　施　　肥

施用量 80～100g，施后盖土。开花期、幼果期、果实膨大期，根据树体生长情况每月喷施 0.4％尿素混合 0.2％磷酸二氢钾和 0.2％硫酸镁，或氨基酸、微量元素、腐殖酸等叶面肥2～3 次。

五、整形修剪

合理的修枝整形能让可可树主干通透，分枝层次分明，树冠结构合理，叶片光合效率高，促进生长和开花结果。修枝整形是一项长期而重要的工作。

（一）整形

1. **实生树整形** 实生树主干长到一定高度在同一平面自然分枝 5 条左右，保留 3～4 条间距适宜的健壮分枝作为主枝。如果主干分枝点高度适宜，将主干上抽生的直生枝剪除；如果分枝点部位在 80cm 以下，则保留主干分枝点下长出的第一条直生枝，保留 3～4 条不同方向的分枝作为第二层主枝，与第一层分

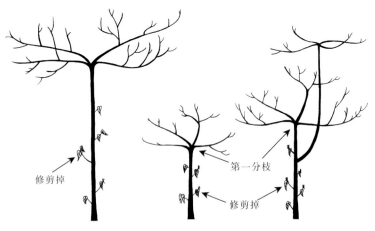

（一）若第一分枝够高，可修剪其他分枝　　（二）若第一分枝太低，可让直生枝长成后再修剪

整形前(5条分枝)　　　　　整形后(保留3条分枝)

图4-12　实生树整形

枝错开，形成"一干、二层"的双层树形。

2. 扇形枝插条树或芽接树整形　扇形枝自根系植株和芽接树分枝低而多，扇形枝插条树迟早会抽出直生枝，如果让一条直生枝任意生长，它最后会抑制其他扇形分枝而使植株形成实生树的树形。生产试验证明，修去全部直生枝的扇形枝树和让一条基部直生枝发育并除去原始扇形枝的直立形树，它们之间的产量在7龄以前没有显著的差异。因此为了使这些植株形成一个较高的树形，低的分枝应当修去，一般只留下80～100cm处的3～4条健壮分枝，让其发育形成骨架，使树枝伸展成框架形，树冠发育成倒圆锥形。此外，整形应在植后2年逐步轻度进行，因为过度剪除幼龄植株的叶片，对其生长不利。

（二）修枝

修枝即除去不要的直生枝及分枝，剪除不需要的枝条，以改善树形、控制高度、方便采收（图4-13、图4-14）。修剪宜在旱季进行，修剪工具必须锋利，剪口要求光滑、洁净。修剪次数各地不一，树龄1年的可可树应2～3个月修剪1次，之后每年进行轻度修剪3～5次，剪除直生枝、枯枝及太低不要的分枝，且将主枝上离干30cm以内和过密的、较弱的、已受病虫侵害的分枝剪除，并经常除去无用的徒长枝，使树冠通气、透光。这一措施在环境潮湿、长期阴天的地区和植株密度较大的可可园尤为必要。

修枝前　　　　　　　　　　　修枝后

图4-13　幼龄树修枝

应轻度修剪，因为过度修剪和截枝会使生长停滞，从而引起减产，而且还会使主干反常地抽生直生枝或引起抽芽过多而使植株易遭病虫害。

修枝前　　　　　　　　　　　修枝后

图 4-14　成龄树修枝

（三）疏果

正确地进行疏果，控制每株结果数量，是调解大小年现象，确保可可高产、稳产、优质的一项重要措施。可可开花后结合摘梢，在授粉后 60~70d 进行人工疏果，疏除干果、病虫果、小果、畸形果等，选留生长充实、健壮、无病虫害、无缺陷、着生在主干和粗大枝条上、果实横径大于 4cm 的果实，留取量根据树势灵活掌握。一般情况下，可可种植 2~3 年后结果，结果后第一年每株留 3~5 个果，第二年 7~8 个，第三年 12~15 个，第四年 15~20 个，第五年 20~25 个，第六年 25~30 个，进入盛产期每株留 30~40 个。

第五章

可可病虫害及其防治

第一节 病害及防治

全世界可可病害造成的产量损失达 20.8%～29.4%，比大多数其他热带作物病害的损失都高。据报道，可可病害共有 40 多种，在我国主要发生的病害是可可黑果病，黑果病会直接造成产量损失。

（一）病原菌

国外已报道的可可黑果病病原菌主要为 *Phytophthora palmivora*、*P. megakarya*、*P. capsici* 和 *P. citrophthora* 等。2010 年 10 月，刘爱勤等在我国海南首次发现该病危害，从中国热带农业科学院香料饮料研究所种植的可可园分离得到一个病原菌，根据其形态特征，再结合 16SrDNA 序列分析，将该病原

图 5-1 可可黑果病病原菌菌落

菌鉴定为柑橘褐腐疫霉（*P. citrophthora*）（图5-1）。

（二）症状

病菌主要侵害可可荚果，也常侵害花枕、叶片、嫩梢、茎干、根系。幼苗和成龄株都受侵害。荚果染病，开始在果面出现细小的半透明斑点，很快变褐色，后变黑色，斑点迅速扩大，直到整个荚果表面被黑色斑块覆盖。潮湿时病果表面长出一层白色霉状物（图5-2），病果内部组织受害变褐（图5-3），最后病果干缩、变黑、不脱落（图5-4）。花枕及周围组织受害，开始皮层无外部症状，但在皮下有粉红色变色。受害叶片，先在叶尖湿腐、变色，迅速蔓延到主脉；较老的病叶呈暗褐色、枯顶，有时脱落。嫩梢受害常在叶腋处开始，病部先呈水渍状，很快变暗色、凹陷，常从顶端向下回枯。茎干受害产生水渍状黑色病斑，病斑横向扩展环缢后，病部以上的枝叶枯死。根系受害则变黑死亡。在高湿苗圃，受害幼苗开始出现顶部的叶片变褐色，扩展到茎干引起幼苗坏死。

图5-2　荚果感病初期

图5-3　感病荚果横切面

图 5-4　荚果感病后期

（三）发生和流行规律

此菌在旱季进入休眠状态，能在地面和土中的植物残屑上，或留在树上的病果、果柄、花枕、树皮内，或在地面果壳堆中，或在其他荫蔽树的树皮中存活。雨季来临时从这些处所产生孢子囊，为流行提供初侵染菌源。孢子囊主要借雨水溅散传播，昆虫和蜗牛等也能传病。降落在荚果上的孢子囊在雨水中释放出游动孢子，游动孢子萌发形成芽管，病菌借芽管从果表皮气孔穿入果内引起发病。病斑出现 2～3d 内产孢，又借雨溅散播，开始新一轮的侵染循环。

降水量是影响黑果病发生和流行的最重要的因子。在海南省万宁市兴隆地区，可可黑果病一般从 2 月开始发病，之后如遇连续一段阴天小雨后病害迅速扩展，3～4 月出现发病高峰。5 月后随着降雨减少，病害逐渐减弱，6～8 月出现气温高、雨水较少、短暂干旱时病害停止发展。8 月上旬又开始发生，9～10 月降水量增大发病率急剧上升，病害流行，至 10 月底至 11 月中旬可可树上同时出现开花、结小果及成熟果现象，且连续出现降雨天气，气温均在 20～30℃，这段时间可可疫病相对严重，病株率10％左右，病害达全年的最高峰。11 月底后病害开始减弱，12月上旬至翌年 1 月基本不发病。在持续高湿的地区，可可黑果病特别严重。小果期连续降雨且出现 20～27℃ 的气温，是该病发生的主要条件。

（四）防治措施

1. 农业防治

（1）种植时株行距不可过密，荫蔽树要适度，定期修剪避免过分荫蔽，并定期控萌、除草，以降低果园湿度。

（2）及时清除病果、病叶、病梢和园内枯枝落叶，集中烧毁。

（3）种植抗病耐病品种。如 Amelonade 品种抗黑果病，但易感肿枝病，使用时要注意。其他抗（耐）病品种还有 Catongo、Lafi 7、Sic 8 和 SNK12 等。Amazon 类型品种抗肿枝病，但易感疫霉溃疡病。

2. 化学防治

（1）雨季开始发病时，定期喷施 1％ 波尔多液或 68％ 精甲霜·锰锌 500 倍液或 50％ 烯酰吗啉 500 倍液，整株喷药，10～15d 喷 1 次，直到雨季结束。

（2）切除茎干溃疡病皮，用铜剂或三乙膦酸铝消毒病灶和用煤焦油涂封。

第二节　虫害及防治

据报道，全世界为害可可的害虫有 1 300 多种，其中盲蝽类为摧毁性害虫。如加纳因受其害年损失可可干豆占总产量的25%，尼日利亚损失约占总产的30%。在我国，为害可可的主要害虫是可可盲蝽。

（一）分类地位

可可盲蝽属半翅目（Diptera）盲蝽科（Miridae）角盲蝽属（*Helopeltis*），是热带地区的一种重要害虫，目前已知在全世界为害经济作物约30多种。在国内除严重为害可可外，还为害其他多种作物，如腰果、咖啡、茶树、香草兰、番石榴、红毛榴莲、胡椒、洋蒲桃及芒果等。

（二）形态特征

1. 成虫 可可盲蝽成虫体长6.2～7.0mm，宽1.3～1.5mm。虫体暗褐色，头部暗褐色或黑褐色，唇基端部淡色；复眼球形，向两侧突出，黑褐色，复眼下方及颈部侧方靠近前胸背板领部前方的斑淡色，复眼前下方有时淡色；触角细长，约为体长的2倍，第一节基部略呈淡黄褐色，第二节上的毛较长。雄性前胸背板有时淡褐色略带橙色，接近于红色，雌性前胸背板褐色带橙色接近红色。中胸小盾片中央具有一细长的杆状突起，突起的末端较膨大；小盾片后缘圆形，其前部有一稍向后弯、顶部呈小圆球状的小盾片角，圆球状部有细毛；小盾片褐色带橙色至暗褐色，小盾片突起褐至暗褐色，少数个体突起的基部淡黄色。翅淡灰色，具虹彩；革片及爪片透明、灰或灰褐色，有时带暗褐色，革片与爪片基部略呈白色，缘片、翅脉及革片的端部内侧及楔片暗褐色。足土黄色，其上散生许多黑色斑点，腿节大部分褐或暗褐色，基部色淡，雌性足色深。腹部暗褐带土黄或绿色（图5-5）。

2. 卵 可可盲蝽的卵长圆筒形，中间略弯曲，末端钝圆，

图 5-5　可可盲蝽成虫

前端稍扁。初产时乳白色，中期浅黄色，后期黄褐色。卵盖两侧附有长短不等的两根丝状的呼吸突，长的一条 0.6mm，短的一条 0.2mm（图 5-6）。

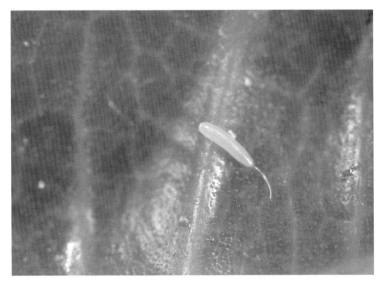

图 5-6　可可盲蝽卵

3. 若虫 可可盲蝽 1 龄若虫体长 1.2mm，宽 0.3mm，长形；体红色；复眼红色；除触角第一节外，虫体其他各部均着生褐色毛。2 龄若虫体长 2.0mm，宽 0.4mm；体色红略带土黄；复眼红色；第一触角节明显地粗于其余 3 节；小盾片角圆锥形。3 龄若虫体长 2.8mm，宽 0.7mm；全体红色带土黄；复眼红褐色；翅芽明显；小盾片角顶部出现圆球状结构。4 龄若虫体长 3.5mm，宽 1.4mm；全体土黄色带红；复眼黑褐色；第一、二触角节基部具散生的黑色斑纹；翅芽灰色伸至第一腹节背面；小盾片角完整。5 龄若虫体长 5.1mm，宽 1.4mm，长形；全体土黄色稍带红；复眼黑色；触角上具散生的黑色斑，第三及第四触角节上部具黑褐色毛；喙的端部黑色，伸达前胸腹面；翅芽发达伸至第三腹节背面，其基部及端部呈灰黑色；小盾片角完整；腿节上具灰色斑，跗节黑色（图 5 - 7）。

图 5 - 7　可可盲蝽若虫

（三）发生及为害

可可盲蝽成、若虫以刺吸式口器刺食组织汁液，为害可可的嫩梢、花枝及果实。嫩梢、花枝被害后呈现多角形或梭形水渍状斑，斑点坏死、枝条干枯。幼果被害后呈现圆形下凹水渍状斑并逐渐变成黑点，最后皱缩、干枯。较大果实被害后果壁上产生许多疮痂，影响外观及品质（图 5-8）。被害斑经过 1d 后即变成黑色，随后呈干枯状，最后被害斑连在一起使整枝嫩梢、花枝、整张叶片、整个果实干枯。因此，在被害严重的种植园，外观似火烧景象，颗粒无收。

可可盲蝽在海南无越冬现象，终年可见其发生为害。在海南1 年发生 10~12 代，世代重叠。每代需时 38~76d，其中成虫寿命为 11~65d，卵期 5~10d，若虫期 9~25d，雌虫产卵前期 5~8d，产卵期 8~45d，平均 20d。每头雌虫一生最多产卵 139 粒，最少产卵 32 粒。卵散产于可可果荚、嫩枝、嫩叶表皮组织下，也有 3~5 粒产在一处的。刚孵化的若虫将触角及足伸展正常以后，不断爬行活动，在这段时间里只作试探性取食，经过 45min后开始正式取食。成虫和若虫主要取食一芽三叶的幼嫩枝叶和嫩果，不为害老化叶片、枝条及果实。取食时间主要在下午 2 时后至第二天上午 9 时前，每头虫 1d 可为害 2~3 个嫩梢或嫩果，10头 3 龄若虫一天取食斑平均为 79 个。此虫惧光性明显，白天阳光直接照射时，虫体转移到林中下层叶片背面，但阴雨天同样取食。

该虫发生与气候、荫蔽度及栽培管理有关。在海南南部主要可可种植区，每年发生高峰期在 3~4 月。因这时气温适宜，雨水较多，田间湿度大，适逢可可树大量抽梢和结小果，所以危害严重。6~8 月高温干旱，日照强，果实已老化成熟，嫩梢减少，食料不足，虫口密度显著下降。9~10 月后台风雨和暴雨频繁，因受雨水冲刷，影响取食和产卵，虫口密度较低，危害较轻。栽培管理不当，园中杂草灌木多，荫蔽度大，虫害发生严重。

图5-8　可可果实受害症状

（四）防治措施

1. 农业防治

（1）改善可可园生态环境。合理密植、合理修剪，避免种植园及植株过度荫蔽，清除园中杂草灌木，改变可可盲蝽的小生境；对周边园林绿化植物、行道树等进行整枝疏枝，使其通风透光，造成不利于可可盲蝽生长繁殖的环境条件。

（2）加强田间巡查，及时去除带卵枝条，集中园外烧毁，减少虫源。

2. 化学防治　可可盲蝽发生盛期，用2.5%高渗吡虫啉乳油2 000倍液或48%毒死蜱乳油3 000倍液进行喷雾防治。

为害可可的害虫除盲蝽外，在我国常见的种类尚有为害可可嫩梢及幼果的蚜虫、粉蚧，以及为害叶片的毒蛾类，这些害虫目前发生量不大。

　　总之，可可病虫害的防治应遵循"预防为主，综合防治"的植保方针，其防治应以预防为重点。从种植园整个生态系统出发，综合运用农业防治（如加强田间管理、定期检查）、物理防治（如采用人工捕杀、灯光诱杀、色板诱杀）、生物防治（如保护和利用园内有益生物、使用生物源农药）和化学防治（如有限制地使用高效、低毒、低残留农药品种，禁止使用高毒、高残留农药）等各种防治措施，创造不利于有害生物滋生和有利于各类天敌繁衍的环境条件，保持种植园生态系统的平衡和生物多样性，将有害生物控制在允许的经济阈值以下，将农药残留降到最低。

第六章

可可采收与加工

第一节 果实采收

一、采收标准

成龄可可树周年均可开花结果，从授粉成功到果实成熟需要150～170d。海南主要收获期为2～4月与9～11月。可可成熟的指标最好以其外果皮颜色变化来判断，当果实呈成熟色泽时，即应采收。绿果成熟时，变成黄色或橙黄色；红果成熟时，则变成淡红色或橙色（图6-1）。成熟的果实均有光泽，摇动时有响声，敲击时发出钝音。如过早采摘，果肉含糖量低，种子不充实，发酵不良；过熟采摘则有干燥的倾向，可能感染病害，也可能发芽，同时发酵很快致使产品质量不一。

虽然变色后就可采收，但依然留在树上的果实至少仍可挂在上面1个月的时间都不会受损，所以，采收的间隔可以延长1个月的时间。不过，最好是2周采1次。在易受到哺乳类害虫侵袭的地区，采收的间隔则可以更短一些。当受到黑果病严重侵染时，为了确保果园的卫生，采收的间隔也应该缩短。

图 6-1　成熟可可果

二、采收方法和采后处理

采果时必须小心地用钩形锋利刀或枝剪刀从果柄处割断，切忌伤及果枕，以免影响第二年结果。因为在果实附着点上的潜芽就是翌年生长花芽的部位。此外，可可枝条软且易折，须注意保护，不可上树采果。果实采后一般用刀切开或用坚硬的器具锤开果实（图 6-2）。剖开果壳时应避免伤及种子。

采收后的可可果可以存放 2～15d，长时间的储存会加速可可的预发酵，并且使发酵时的温度快速升高。将收获的果实敲破，取出种子准备发酵。只有成熟且发育完好的果实才有好的可可豆。如果果实表面有黑荚果病的病状，但里边的豆没有受到影响可以不用丢弃。果肉的颜色是决定是否丢弃的最好指标，因为，通常受损果实种子表面的果肉已变色。

图 6-2 成熟可可果剖面图

第二节 初 加 工

初加工是指商品可可豆的加工，包括发酵、干燥和储藏。

一、发酵

被一层糖衣果肉包裹着的生可可豆叫作"湿豆"，而被称作"nib"的可可果仁则是整个可可豆最有经济价值的部分。生果仁不具有任何味道、香气，尝起来也没有任何可可产品的味道，不适宜加工成各种食品。

可可豆的巧克力风味是在发酵与焙炒这两个步骤中通过微生物、霉菌的共同作用以及烘焙中发生的梅拉德反应形成的。不同品种和产地的可可豆也可以进行部分发酵或者根据需要不进行发酵，通常这些可可豆主要用于加工生产可可脂。如果需要加工成其他可可制品，这类可可豆一般与完全发酵的可可豆进行混合使用。不经发酵的可可豆干燥后呈石板色，比棕色或者紫棕色的发酵可可豆颜色要灰白许多。如果采用这类可可豆加工巧克力，苦涩味为主要风味，缺乏明显的巧克力香气，而且外表呈现灰棕色。

可可豆发酵的过程比较简单，通常就是将大量的湿豆堆放在一起或集中在箱子中进行。发酵时间从4d到6d不等，主要影响因素包括品种、发酵方式、发酵温度和湿度等。可可果壳剖开后，环境存在的酵母和细菌进入可可豆表面，发酵过程中分解湿豆表皮果肉中的糖和胶质等物质，最后发酵产物等以液体形式流出。大多数的发酵方式，通常都需要隔天进行搅拌。发酵其中之一的结果就是使豆外围的果肉脱落，但是更重要的是在发酵过程中所产生的一系列必要的生化反应。

（一）发酵方式

发酵方式及其时间的长短很大程度上取决于可可的品种以及发酵的季节。与 Forasteros 可可豆相比，Criollo 可可豆的发酵时间通常要短一些。Forastero 豆发酵5～6d，而 Criollo 豆发酵2～4d。季节主要是通过温度和湿度影响发酵的时间，在低温高湿的条件下，发酵的时间通常会更长一些。在各生产国采用的众多发酵方式当中，堆积发酵法、盘子发酵法和箱子发酵法被认为是标准的发酵方法，且被广泛应用的发酵方式。

1. 堆积发酵法　这种可可豆的发酵方式在西非国家非常盛行。方法是将不少于50kg的湿豆堆放在覆有香蕉叶的地上，香蕉叶底下要垫几根棍子，使其与地面保持一定的距离，好让发汗液流出。先将叶子铺开，再把湿豆放上去，并在叶上放几块木块以免叶子移动。将湿豆覆盖上香蕉叶的目的是为了保留发酵堆在发酵期间所生产的热气。一般到第三天及第五天时，将木棍拆开，并搅拌湿豆。整个发酵过程需要大约6d，第七天将豆取出准备干燥。当湿豆堆放起来后，发汗液开始流出，而且在接下来的 2d 时间里继续流出。第三天，湿豆表面大约 10cm 以下的果肉颜色发生变化，而大多数湿豆里仍然保留着原本的乳白色。这种颜色的变化表示乙酸开始形成，但这只是仅限于通风足够的表层而已。在第三天及第五天的搅拌后，表皮果肉几乎完全脱落的湿豆与那些还有很多果肉吸附在上面的湿豆混合继续发酵。通风也会加速发酵堆深层豆的发酵。虽然发酵需要通风，但过度的风会驱散热量。因此，发酵最好是在正常通风的密闭房间内进行。此法的最少发酵量为 50kg，越多的豆堆积在一起发酵越好。不过，超出 500kg 的发酵量可能会比较难处理。

2. 盘子发酵法 盘子发酵法的发展源于早期的对堆积发酵法的观察结果。当使用堆积发酵法发酵时，如果没有进行搅拌，发酵堆内大约只有 10cm 厚度内的湿豆的颜色会发生变化。这表示即便没有搅拌，在 10cm 的厚度内的环境是通风的。如果只将湿豆堆放在这厚度内，就省去了搅拌这一步骤。基于这点，在盘子内放入适量的湿豆并尽可能使其厚度保持在 10cm 以内进行发酵试验，试验结果显示，当将这样的盘子一个接一个叠放在一起进行发酵时，热气能完全散发出来并且保留住，发酵在很短的时间内便完成。

此法所使用的盘子常规大小为 90cm×60cm×30cm。盘子底部要装上有孔的板条，这样既能阻止湿豆往下掉，又方便发汗流出。盘子里堆放的湿豆的厚度最好不要超过 10cm。理论上说，盘子的长度及宽度可以根据实际情况而增加，但是上述所提到的尺寸就已经适合常规的发酵。每个这样的盘子可以装 45kg 的湿豆，装入湿豆之后，将盘子一个接一个叠放在一起。每一叠至少堆放 6 个盘子，发酵时要在每叠的底部再放一个空盘子接住流出的发汗液。叠放好后，用香蕉叶将最顶层的盘子盖上，24h 后，用麻袋将盘子覆盖以保存其产生的热气。不需要进行搅拌，发酵通常会在 4d 内完成，第五天将豆取出以备干燥。盘子发酵法的最少数量为每批 6 盘，不过多者可同时用 12 个盘子。如果使用的是 6 盘发酵法，有效的发酵数量约为 270kg。当使用 12 个盘发酵时，最少的数量约为 540kg。

如果采用此种发酵方法，要保证可可豆的温度能够上升，因为通风比较充分。可可豆的温度通常比较低，保温是比较重要的工作，否则可可豆发酵不完全，影响最终产品的风味质量。在实际生产中，由于初加工季节温度相对较低，可可豆发酵不够充分，所以此种方法较少采用。

3. 箱子发酵法 箱子发酵法适宜处理较大批量的湿豆。这种方法在可可栽培面积较大的马来西亚比较盛行。此法所使用的箱子由木制成，每只箱子的大小都控制在 1.2m×0.95m×0.75m。这样大小的箱子可以装大约 2 000kg 的湿豆。箱子的底部及四周必须要留有一些孔，以便通风以及发汗液的流出。隔天搅拌时，必须将一个箱子的湿豆移到另一个箱子去。此法发酵最

图 6-3 可可豆箱子发酵

少需要 3 个箱子，可以将它们排成一排，以便豆的转移；有时候也会将箱子层层排列，而且会在箱子上设有阀门，当打开时放在高层的豆就可以流往下一层箱子。搅拌在第三天和第五天进行，在发酵了 6d 后，第七天取出准备干燥。

虽然箱子发酵法方便进行大量湿豆的发酵，但是此法发酵的商品可可豆的质量通常劣于那些通过堆积发酵法或盘子发酵法发酵而成的可可豆。造成质量低劣的因素通常跟通风不足引发豆的酸度升高有关。通过给发酵堆送风可以降低豆的酸度，豆的熟化也会降低豆的酸度。据 Bhumibhamon 等研究报道，箱子发酵的豆比篮子发酵的豆的切割测试值要稍微好些。6d 后，箱子里 54%～67% 的湿豆已完全发酵，28%～45% 的湿豆发酵程度已到 3/4，而篮子里完全发酵的湿豆为 50%～56%，3/4 发酵的湿豆为 43%～49%。

此种方法在东南亚国家被普遍使用，比如印度尼西亚和越南等国家。主要是由于这些国家的可可种植相对集中，便于集中采摘和发酵。而且东南亚国家的可可果主熟期在 3～4 月和 11～12 月，气温相对不高，箱子发酵能够提高发酵可可豆的温度，加速发酵过程，提高发酵的效率，促进可可豆内部成分转化。我国海南可可主熟期的温度相对于印度尼西亚和越南偏低，因此箱子发酵法比较适合我国可可发酵加工。

（二）影响因素

1. 果实特性 采收的频率直接影响果实的质量，间隔 1～2 周的采收频率可以确保果实的质量。只能采摘成熟健康的果实。要避免采用熟透的果实，因为熟透的果实很可能含有发芽的豆，会使湿豆遭受到霉菌和昆虫的入侵。也要尽量避免采用未成熟的果实，因为未成熟的果实含糖量低，会影响后期的发酵质量。未成熟的湿豆不能完全发酵，且发酵堆温度在初次升到 40℃ 后，便一直停留在 35℃。在发酵第三天，成熟以及未成熟湿豆内乙酸的含量分别为 15.7mg/g 和 11.0mg/g 左右。6d 后，未成熟豆的 pH（5.0）要比成熟豆（5.6）低。发酵结束后，大约 40% 的成熟豆达到巧克力的颜色，而未成熟豆才只有 27% 左右。Alam-syah（1991）发现，发酵过的未成熟豆的巧克力风味很弱且 pH 很低。大多数的荚果病会导致整个果实的豆全部受损，即使没有受损的豆也已经不适宜再进行发酵。Criollo 种的湿豆发酵所需时间相对要比 Forastero 种（5～7d）缩短 2～3d，因此要注意避免将这两个种的湿豆进行混合发酵。

2. 可可豆的数量　在发酵期间所产生的热量需要进行保温（隔热），不过少量豆的发酵却很难达到这一效果。为了达到充分发酵的效果，每批需要可可湿豆 100kg 以上。

3. 发酵持续时间的长短　发酵时间的长短因发酵堆的遗传结构、气候、可可湿豆的数量以及所使用的发酵方法而异。不同国家所使用的关键评价指标表明发酵的持续时间从 1.5d 到 10d 不等。

根据不同的发酵方法，一般的发酵保持在 5～6d，未经发酵的可可湿豆巧克力风味淡；发酵 1～2d 的湿豆巧克力味道不足，明显存在着苦涩味；发酵 3～4d 或 5～6d 的湿豆巧克力味道十足，且有强烈的酸味以及橘黄色或褐色外表皮；而 7d 以上的发酵为过度发酵，并且有一些令人讨厌的异味（例如霉味等）。

4. 翻动　发酵期间，不断地翻动可以确保可可湿豆均衡发酵。不同的国家，翻动次数的多少各不相同，最佳翻动的时间间隔为 2d。最快的发酵翻动方法是每天 1 次。频繁的翻动（隔 6h 翻动 1 次或隔 12h 翻动 1 次）所生产的发酵完好的可可豆的数量要比其他方式的还要多。不管是少量还是大量的发酵，发酵的最佳时间为 6d，翻动间隔最好为 12h。

5. 季节性因素　发酵期间的气候状况会影响发酵的品质。

在湿润多雨季节，温度上升缓慢，与旱季相比，在此期间发酵的豆其挥发酸的含量更高，可可豆发酵更完全。所以，在旱季发酵比雨季更好。

二、干燥

发酵后，可可豆的水分含量约为 55%。如此高水分含量豆很容易腐烂，不适合储存。为了储存和运输，必须将水分降至 8% 以下。为此，必须在发酵后立即进行干燥，否则可可豆的种皮将在发酵后 24h 内变干，然后开始发霉腐烂。在干燥阶段，豆里多余的乙酸会生化氧化，这一反应属于生化酶反应，只能在可可豆还有很多水分时发生，而当温度降低时就开始出现酶促降解。

（一）日晒干燥

在大多数可可生产国，日晒干燥是最简单且最盛行的方法。日晒干燥的做法是直接将经发酵的可可豆晾晒在太阳下，豆的厚度大约 10cm，一般 7～8d 即可完成可可豆的干燥。这种方法在

图 6-4 可可豆干燥

阳光充足的传统可可产区，干燥出来的豆品质都很好，而且成本低。在西非，人们将发酵豆摊开在一层铺在地面或水泥地板上的薄席上晾晒，2d后翻动再继续晾晒。薄席干燥比较方便，遇雨天可以折叠转移，也利于除去异物和劣质可可豆，同时也比晒在地上遭到外来的污染少。在西印度群岛和南美洲，人们直接将发酵豆摊在木制地板上干燥，而在特立尼达和巴西则是在可移动的屋顶上晒豆。在干燥过程中，一般隔段时间进行翻动，晚上通常堆积起来存放，以避免雨露淋湿。

在空气相对湿度较高或阳光不太充足的地方，通常采用改进的日晒干燥方式进行，通过搭建透明塑料棚或者透明屋顶的干燥房来干燥可可豆，有时也采用太阳能收集设备来干燥可可豆。

（二）人工干燥

若在可可豆初加工时期，遇阴雨天气，则采用人工干燥较为适宜。一般采用燃木加热的方式，通过热空气传导和辐射加热，可可豆放在干燥板上，强制通风可以提高干燥效率。对于大多数燃料而言，热交换器的高效和密封是比较重要的，一定要避免烟气与可可豆接触，避免污染可可豆的风味。

影响人工干燥的因素主要有温度、空气流率、豆的厚度以及翻动的范围。温度直接通过阻止生化酶活动或间接通过影响水分的蒸发率影响可可豆的质量。空气流率也通过影响空气湿度影响干燥，也跟残余酸性物质氧化降解所需氧气的输送有关。豆的厚度以及翻动的次数决定着干燥的速度、一致性以及豆的通风问题。从理论上说，在高温、空气流率高、堆放的豆的层次较薄并且频繁翻动的情况下，可以更快捷、更经济地完成干燥。不过，在这种情况下干燥出的豆的质量很差，究其原因主要是因为酸度的问题。最适宜的干燥条件应该兼顾干燥成本与豆的品质之间的平衡。

通常的恒温高燥中最高温度为 60℃，但变温干燥过程中存在高于或低于这个温度也可以产出品质较好的豆，这包括：

（1）在干燥初期以 60℃ 的温度开始直至将水分干燥到 25％～30％，然后在最后阶段可允许将温度调高到 80℃。

（2）开始的温度可以高达 90℃，持续 3h，待水分降到 40％ 后，再将温度调低至 70℃，此温度可持续 8～10h。

（3）采用有间隔期的两步干燥法进行干燥。豆的翻动对干燥的一致性及效率也至关重要。另外，当手工翻动时，豆的厚度最好维持在 12～15cm。

（三）干燥机烘干

在面积较大的可可种植园人们使用好几种干燥机进行可可豆的干燥，影响这些机器效率的主要因素有温度、空气流率、豆的厚度以及翻动的范围。Yusianto 等（1995）发现由于常规的高温干燥会使可可豆的巧克力风味下降，且有浓郁的异味，所以并不适宜使用。虽然并没有多大的差别，不过与太阳能干燥机相比，户外空气干燥更容易受到霉菌的入侵。无论是通过何种方式干燥，都需要做到彻底干燥，使豆的水分含量降至 6％～7％。在后期储存和运输过程中，含水量超过 8％ 会导致发霉，但也不要干燥过度。通常采用人工干燥或者干燥机干燥时，干燥速率较难控制。一旦干燥过度，可可豆比较脆，在后期的运输和加工过程中，易导致损失。

当通过干燥机方式干燥时，必须避免接触烟和熏烟。完全干燥后的豆，抓一把拿在手上时会发出一种特有的"沙沙"声。最科学的办法是利用水分测定仪。Augier（1998）表示，比较温和的干燥（40℃）会使可可豆的酸度下降。Adesuyi（1997）就太阳能干燥机以及传统的日晒干燥方式的性能进行了评定，与传统的日晒干燥法相比，太阳能干燥机能吸取到更高的热量，其干燥温度较高、湿度较低，干燥的速度也比较快（日晒干燥需要178h，而太阳能干燥机干燥仅需要72h），霉菌较少，没有发芽豆，且干燥后也不会遭到昆虫的入侵。太阳能干燥机干燥比传统日晒干燥更有效率，产品的质量更好，且与使用传统方式干燥的农户相比，使用太阳能干燥机干燥的农户收入可增加38.7%。

三、储藏

可可豆初加工完毕并进行分级后便可入库储藏，以备出售或进行深加工。在适当的条件下，干燥的可可豆可以存放很长时间。然而，安全保存期的长短视存放空间的相对湿度和温度而定。在相对湿度和温度都低的情况下，储存期几乎可以无限延长；在相对湿度较高的热带地区，很难长时间存放。

研究发现，当相对湿度达到85%时，可可豆的水分含量会超过8%。超过这一指标就非常危险，因为一旦超过这一界限，可可豆将开始发霉。这意味着，在相对湿度超过85%的条件下，除非防止干豆与空气接触，否则很难长时间存放，而又不腐烂变质。在印度的可可种植区，相对湿度很高，通常都会超过95%。所以，在这些地区的雨季，储存可可变得很困难。现阶段的做法是将可可豆运送到本国其他气候条件适宜的地区进行储存，另一个方法就是将可可豆存放在聚乙烯或其他隔水性能较好的密封容器内。即便如此，在连续不断的湿润季节，这样的容器也不是理想的散装可可豆储存设备。

在储藏中应做到通风、干燥，注意防霉和防虫。据印度尼西亚进行的可可豆储藏试验表明：在温度为30℃、相对湿度为74%，或温度为35℃、相对湿度为64%的条件下，含水量为2.80%、6.83%和8.73%的商品可可豆可储藏3个月。而在温度为25℃、相对湿度为95%的条件下，同类商品可可豆储藏不到1个月就霉变了。可见，在储藏商品可可豆的过程中必须保持库房的干燥。储存可可豆时，有一点特别值得注意，就是储藏房间要相对清洁、无异味，尤其是要远离杀虫剂、肥料和油漆等具有明显异味的物质，否则可可豆吸附异味物质，严重影响可可豆的可用性。

四、品质要求

"品质"这个词包括了风味及洁净的所有重要因素，也包括了直接影响大多数可可豆的感观物理特性。一份样品的品质，主要是通过由它制造出的巧克力的风味来判断。当然，这也要取决于以下因素，如豆的大小、果皮含量、脂肪含量以及瑕疵豆的数量等。好的商品可可豆，不仅要有良好的风味，还需要有良好的相关物理特性以及完好的表观特征。

（一）风味

可可豆的风味在发酵及焙炒期间已经形成。风味的鉴定样品是少量发酵加工后可可豆样品制作出的巧克力，鉴定通过有经验的品审小组品尝来完成。品审的项目有巧克力风味的浓度、苦涩味以及有无异味。这个方法有一些缺点，那就是少量发酵并未能获取正宗的风味，且也会因品审员的味觉而有所不同。尽管如此，这依然是唯一被认可的商品可可豆风味的评价方式。Davies等根据生可可豆的近红外数据开发出一个预测模式。鉴于所有感官数据的不确定性，既简单又可靠的近红外线光谱分析仪可替代既困难又费力的感官分析法，应用于可可以及其他产品感官特性分析。

可可豆的风味因品种而异，Criollo 和 Trinitario 可可豆为"优良豆"，是厂商用于制作黑巧克力的首选。Criollo 豆是比较清淡的坚果味，Trinitario 豆巧克力风味浓烈，且携带着一些水果或其他辅助味道。Forastero 豆跟 Amelonado、Amazon 以及其他杂交种的豆为"大宗豆"，世界上 90%～95% 的产量都来源于这类豆。大宗豆的风味因产地而异。这是因为各产地的发酵和干燥方式各不相同所致。加纳和尼日利亚的可可豆荣登大宗可可市场的榜首，这是由于这两个国家都严格执行相关的质量标准。由于没有严格执行质量标准，喀麦隆和科特迪瓦的可可豆品质较差。巴西的可可豆是闻名的异味豆，多米尼加的豆则由于未发酵而有非常重的涩味。马来西亚的豆偏酸。优良豆或大宗豆都有可能有异味，详情如下。

1. 霉味　这种异味是由于发霉引起的，只要一份样品里含有 4% 左右的发霉豆，由其制造出的巧克力便会有这种味道。这种异味经加工可以去除。霉味的存在与否，切开可可豆即可知道。可可豆中霉的存在会使可可黄油内游离脂肪酸含量提升到 20% 左右。如果一份可可豆样品的游离脂肪酸的含量超过 1%，那么，从样品中提取出的可可黄油内的游离脂肪酸含量将超过 1.75%，在欧盟这是一项限制指标。

在可可豆内出现的霉，很可能早在可可果收获前、发酵或干燥阶段就已经入侵可可豆。受黑腐病菌侵袭的可可果，会产生很多内在霉。如果发酵超过 7d 时间，内在霉菌的数量也会随之增加。由于阴天而延长日晒天数，霉菌也会入侵可可豆。当储存环境的相对湿度过高，可可豆吸入水分就会发霉。虽然可以通过辐射（例如远红外线辐射）杀死霉菌，但是在食品工业上并不提倡用此法。

2. 烟熏味　在干燥或储藏阶段受到烟熏可以引起烟熏味。这种异味不能在制作巧克力过程中去除。商品可可豆的这种烟熏味有时候被认为是"火腿味"。过度的发酵也会产生这种味道。这种异味可通过将样品豆在手中碾碎或用槌子和研钵捣碎，然后用鼻子就可以闻出，这是一个快速的检测方式，但此法并不如通过品尝由少量发酵方式下加工出的商品可可豆样品制作出巧克力可靠。

3. 酸味 这个味道是由不良的发酵所引起的。可可豆含有过量的挥发性酸（乙酸）或非挥发性酸（乳酸），就会产生酸味。在加工过程中，挥发性酸（乙酸）会下降到一个可以接受的量，但非挥发性酸（乳酸）却不能消除。过量的非挥发性酸（乳酸）会导致失味。挥发性酸（乙酸）的存在很容易通过嗅觉闻出来，但由非挥发性酸（乳酸）引起的酸味只可以通过品尝由它们制作出的巧克力的风味来判断。无酸味的西非可可豆的 pH 大约为5.5，pH 是衡量酸度而不是衡量风味的指标。可可豆的 pH 可以通过改变加工方法，使其达到 5.5，但是它们的风味则有可能被接受，也有可能不被接受。

4. 苦涩味 这个味道是由不良的发酵所引起的。虽然苦味和涩味也是构成复杂的巧克力风味的一部分，但是过重的苦味和涩味是不受欢迎的。这种异味不可以由常规的加工方式去除。未发酵的湿豆或是发酵后干燥的商品可可豆，并不具有明显的巧克力风味。由这种豆制造出来的巧克力，味苦涩，非常不受欢迎。全紫色豆或是发酵不足的豆都含有一些巧克力风味，但也会有苦涩味。全紫色豆是由于含有未转化的花青素的缘故，花青素在发酵的过程中通过水解变成无色的藻蓝素，风味的改变与这种颜色的变化有关。如果一份样品拥有 30% 的紫色豆，由其制造出的终端产品可能风味会变得粗糙，并且有苦味。紫色豆在储存的过程中逐渐变成褐色，在 4～5 个月时间内，大约有 50% 的花青素会丧失。

（二）卫生标准

确保运送到市场上出售的商品可可豆的洁净非常重要。可可豆应该不含有任何的杂质。近年来，在食品生产过程中的各个阶段越来越强调卫生安全。在可可果成熟的不同阶段和储藏阶段使用化学杀虫剂和真菌剂会残留在发酵过的豆里，不同的国家制定了使用这些化学药品的标准。在发酵、干燥以及储藏过程中，会有一定数量的细菌入侵。虽然细菌对发酵非常重要，但是各种各样细菌大量繁殖，将使可可豆受到如沙门氏菌等病原菌的感染。正常的加工程序将杀掉大部分的细菌。

有几类会危害可可豆的昆虫，其中蛾斑螟蛾对终端产品质量的影响最重要。外来物的存在将使可可受到污染，影响其风味或破坏加工机器，此外还会减少可食用物质的数量。

五、可可副产物加工利用

（一）可可豆果肉的加工利用

可可果肉可用于制作果汁、酿酒和制醋。新鲜的可可果肉营养丰富，含有蛋白质 0.68%、糖（以葡萄糖计）15.55%、维生素 C 132mg/L、B 族维生素 205.0mg/L，总酸（柠檬酸汁）1.31%，还含有 17 种氨基酸（总量为 0.5932%）和十多种人体必需的营养元素，特别含有钼、锶、硒、钴、锌、硅等营养元素。

1. 可可果汁的收集　新取出的可可豆外面覆盖着芳香的黏质可可果肉，果肉主要由海绵薄壁组织构成，富含糖分、柠檬酸和盐分。可可果成熟后，可可豆取出，转入篮子以便于进行下一步发酵处理。由于可可果肉的摩擦和可可豆本身的重力作用，可可果汁便会流出，汁液浓度较大，并呈现白色流体状态，这种汁液收集起来可作为新鲜饮料使用。国外已经研制了收集汁液的设备。收集的可可果汁需要立即加入 0.15g/L 偏重亚硫酸钾，以避免因微生物的作用而变质。采用此种方法，每吨可可湿豆可以收集 100～150L 的可可果汁。Gyedu 和 Oppong 采用一种螺旋挤压设备，每吨可可湿豆能够产生 175.5L 可可果汁。

2. 可可果汁用途 Gyedu 和 Oppong 认为可可果汁可以用于加工软饮料。以可可果汁、糖和水为原料生产的饮料，是一种天然、易存放、饮用方便的果汁饮料。也可以可可果汁为主要原料生产果酱和酸果酱。Selamat 等报道了以可可果汁为原料生产果汁饮料，或者以可可果汁、芒果汁、番石榴汁或椰浆为原料生产混合果汁。以芒果和可可果汁加工的果汁饮料被证明品质最佳。

可可果汁含 $10\% \sim 18\%$ 的可发酵糖，因此可用于发酵生产酒精。这类产物可以与白兰地和金酒/杜松子酒混合生产品质较佳的酒类产品。可可酒的制作与跟白兰地一样，首先将新鲜的汁液（果汁）熬煮、冷却，然后放入酵母进行发酵，4d 后进行蒸馏即可得到可可酒。发酵可可果肉的发汗液酒精浓度为 $2\% \sim 3\%$，乙酸 2.5%，干物质含量 $15.2\% \sim 20.8\%$，柠檬酸 $0.77\% \sim 1.52\%$，葡萄糖 $11.60\% \sim 15.32\%$，蔗糖 $0.11\% \sim 0.92\%$，胶质 $0.90\% \sim 1.19\%$，蛋白质 $0.56\% \sim 0.69\%$，pH $3.2 \sim 3.5$ 的盐（钾、钠、钙、镁）$0.41\% \sim 0.54\%$。

也可以继续发酵生产呈浅棕色或橘黄色的果醋，pH 一般为 3.07，比重为 1.029 左右，乙酸含量在 6.54% 左右（W/V）。还可用于制作果冻或是果酱，不过其发酵果肉的果胶凝固性较慢。

（二）可可果壳的利用

可可果壳占整个果实的 $70\% \sim 75\%$，但这些果壳往往都在取掉可可豆之后便被丢弃。可可果壳含有 $5.69\% \sim 9.69\%$ 粗蛋白、$0.03\% \sim 0.15\%$ 脂肪物、$1.16\% \sim 3.92\%$ 葡萄糖、$0.02\% \sim 0.16\%$ 蔗糖、$0.20\% \sim 0.21\%$ 可可碱以及 $8.83\% \sim 10.18\%$ 灰分。果壳中的蛋白质和纤维就好比干草，晒干后磨成粉可作牲畜饲料。因其可可碱含量比可可种皮中的含量低，所以降低了用作动物饲料的风险。此外，它含有的氮和钾，可以与动物性肥料相媲美，其碳酸钾含量高达 2.85％～5.27％（表 6-1），可用来制堆肥。同时，可可果壳可作可可园的肥料，并可使某些土壤线虫（*Praty-lenchus brachyurus*）的虫口减少 59％。还可抽提一种与果胶相似的物质，用于生产果酱或果冻。

表 6-1　可可副产品的养分元素

副产品	每 100g 干物质样品中各种养分元素的平均值（mg）								
	钠	钾	钙	磷	铁	镁	锰	铜	锌
可可豆种皮	47.1	64.0	100.0	320.0	10.0	16.8	8.0	0.0	2.4
可可果壳	131.7	48.0	164.0	92.0	4.0	5.6	2.0	3.0	3.4

1. 用作动物饲料　可可果壳的制备决定了最终产品的质量。可可果壳采集后需要立即干燥处理，以防止腐烂。一种方法是把可可果壳通过工具切成薄片，然后日晒干燥，经过 24h，水分达到 65％。部分干燥的原料可以进行磨碎，水分较大的碎饼和湿可可果壳需要继续日晒 1～2d，时间取决于天气条件。当水分达到 10％左右时，就可以磨碎后储存起来用于饲喂动物。可可果壳碎粉一般与其他饲料一起使用，研究得到的较好添加比例为：家禽 10％，猪 25％，牛羊 40％。

2. 用作钾肥　大多种植者习惯于把可可果壳留在地里腐烂。这是一项较好的农业措施，可以把营养还于土地。但腐烂的可可果壳也会作为黑腐病的源头引来病害。另一项被鼓励的措施是采收后把可可果壳移走，将可可果壳与淀粉混合粉碎后做成肥料饼块，然后作为钾肥施用。这个方法用于种植较好。

（三）可可种皮的利用

可可豆种皮占果实的 4.38％。在种皮中，水分占 78.48％，干物质占 21.52％。可可种皮的用途很广，可提取可可碱作为利尿剂与兴奋剂在医药上使用，可作饲料，可提取一种色素用于制造漆染料，可用作热固性树脂的填充剂，也可提取一种可溶性单宁物质作为胶体溶液的絮凝剂。

可可种皮的含量是商品可可干豆总量的 11%～12%。种皮含有 2.8% 淀粉，6% 胶质，18.6% 纤维素，1.3% 可可碱，0.1%咖啡因，氮总量 2.8%，脂肪 3.4%，总灰分 8.1%，单宁 3.3%，维生素 D 300 IU 等。可可种皮中糖的含量为 5%～6%。虽然可以从种皮中提取蛋白质、单宁及红色素，但是这种做法并不经济。由于种皮内可可碱的含量较高，所以作为动物饲料的使用范围受到一定的限制。

（四）影响可可副产物利用的问题

由于可可种植地比较分散，要想收集可可果汁用于加工非常困难，可可的种植规模都比较小，这些副产物的产量较低，收集和运输的成本相对较高，因此需要规模化才可能用于工业生产加工。

另外采用日晒干燥可可果壳用于生产饲料，由于采用燃料或电源干燥的成本比较高，因此当可可果壳原料量比较大时，采用日晒干燥就难以实现快速加工。可可果壳含纤维较多，不可能作为主要饲料使用，因此采用生物酶或者生物转化方法改变成分组成，将是未来提高可可果壳在饲料中使用比例的重要措施。

第三节　二次加工

二次加工就是将经发酵干燥的商品可可豆转化为不同的终端产品。可可豆最主要的终端产品就是巧克力。

一、清洗与分级

到达加工场地后，所有的可可豆都必须进行清洗除去外来物（杂质），并通过持续震动的筛子把那些小的或是破损的豆筛掉。

这个步骤最好是在通风的环境进行，且所使用的筛子必须装有强力吸铁石，这样混在豆里的金属杂质、粉尘以及破损豆就很容易被筛掉。

二、碱化处理

碱化处理是指将可可果仁浸入温热的碱性溶液，直到整个果仁都浸透为止。碱的质量和浓度对终端可可产品的颜色有着重大的影响。碱的温度介于 80～85℃ 时，处理的产品风味最佳。处理的时间长短取决于碱溶液渗透果仁所需要的时间。生产性试验表明，这个过程需要大约 1h，而这刚好也是使碱性混合物达到 80℃ 时所需的时间。

制作可可粉时，通常将可可液进行碱化处理，以改善可可粉的色泽、悬浮能力和风味。商业上，碱化可可粉通常被称作"可溶性可可粉或速溶可可粉"。用来制备速溶可可粉的碱的用量可根据具体情况进行调整。钠或碳酸钾、重碳酸盐饱和溶液是最经常使用的处理溶液，而某些厂家则偏爱使用氨水、碳酸氨、氧化镁、碳酸盐、重碳酸盐或是以上几种成分的混合物。碱化处理可在可可豆焙炒之前、脱壳之后（果仁）或是制成可可液之后进行，不过最实惠的方法是与可可液一起处理。

可可液碱化处理非常盛行，特别是在英国。但是进行果仁碱化处理时，配制碱溶液所用的水要比可可液碱化处理所用的水还要少，因此生产出的产品为沙褐色，所得到的可可粉颜色要比可可液碱化处理得到的更深。

三、焙炒

商品可可豆的焙炒是加工可可产品最重要的步骤之一。焙炒温度的高低可根据豆的成熟度以及有没有进行预处理来调整。焙炒的真正目的不仅仅是使种皮松脱，而是使可可豆形成特有的风味，并且去除过多的水分和其他多余的可挥发性物质。经过焙炒，可可豆的水分可降到 1.5%～2.0%。在焙炒阶段，通过梅拉德反应，由还原糖和氨基酸反应形成的阿默得里（Amardori）化合物是可可豆香味的先驱物，促使各种香味的形成。

焙炒的方式有很多种，不同方式的最终产品质量有所差异，有一些则比较适用于某类豆。焙炒时必须确保同一批豆的均衡。焙炒的主要目的是促进可可豆颜色、香气、风味的形成，改变其种皮结构，方便后期的分离，且降低含水量，改善可可粉的可溶性以及化学成分的变化，特别是一些次要成分的氧化。

焙炒会使果仁内的可可黄油流失 0.2%～0.5%（按重量计）。这种流失使可可果仁内的可可黄油流到种皮外。温度越高，流失的数量越大。如果在焙炒过后立即冷却，可以减少可可黄油的流失。无论如何，在这阶段由于豆内水分的流失，可可豆的重量会下降 5%～7%（按重量计）。用于制作巧克力的可可豆其最佳焙炒温度介于 120～125℃，温度的高低某种程度上要取决于焙炒所需要的确切时间。

焙炒的温度和时间会影响产品的色泽和风味，在 120～135℃ 的温度下，果仁会发生化学反应。为了得到最好的品质，先使用平常最低的温度焙炒，低温焙炒需要 60min，紧接着 40min 的中温焙炒，最后是 15～25min 的高温焙炒。为了避免烧得太过火使可可豆变色以及损坏其风味，焙炒后的豆必须要快速冷却。焙炒时，可可豆内的挥发酸几乎没有流失，而种皮内的乙酸和丙酸流失 10%，碳水化合物和氨基酸也会流失 0.2%（干豆重量）。完全干燥的可可豆水分含量为 4%～6%。在储存期间，可可豆会从大气中吸收水分，这时水分含量上升到 10%～20%。储存完好的可可豆在焙炒后重量会下降 4%～7%，这主要是由于水分的流失所致。

可可豆的焙炒可以直接利用可燃液体加热或通过蒸汽管道或

热空气间接加热来完成。最经济的焙炒机为莱曼焙炒机，首先使用空气将豆冷却，然后再加热焙炒。

四、粗磨与风选

粗磨可以将种皮及子叶分离，而风选的目的是为了将种皮以及微生物分离，使可可豆剩下果仁部分。根据其来源，烘焙过的可可豆会含有 10%～15% 的种皮，以及大约 1% 的微生物。一定数量的种皮会影响巧克力的色泽和风味，此外还会降低提炼的效率。脱皮和去除微生物可分开或同时进行，这要视所选的设备而定。首先通过滚筒或旋转锥式锥体将可可豆碾碎，然后通过风选吹掉比较轻的种皮。风选的风速很重要，它应该足够将不需要的种皮吹掉，又不能太快而将贵重的果仁吹走，且要根据豆的大小随时调速。排出的可可种皮可能至少含有 20%～25% 的可可脂。风选后最终只剩下 80%～86% 的果仁。种皮可可黄油含量的多寡取决于焙炒时果仁内的脂肪流出种皮外以及风选时风选机的效率。可可种皮所含的可可黄油为深黄色固状物，溶化时变成深褐色的液体，由于其酸性比较高，所以不被当成食物。

五、混合与研磨

将脱皮的可可豆（在这个阶段称为"果仁"）研磨成粉状或液态，研磨出来的可可粉的脂肪即可可黄油的含量为 55%～58%。可可黄油的特性是"溶化于人体的口腔温度"。通常在细磨前要先进行粗研磨，然后再在相对高温的状态下将可可果仁研磨成可可粉。磨成可可粉颗粒的大小对于后期用于制作不同食品的适宜性有重大的影响。在研磨期间，通过摩擦生产的热量，可使可可黄油融化。可可粉的研磨通常是通过 3 层或 4 层的圆柱形滚筒或是圆形的研磨机来完成，而用后者研磨出的产品各方面特性都比前者强，且操作起来很容易。

六、综合利用

（一）可可黄油（可可脂）提取

可可仁压榨出的可可油经过过滤、精制，就成了商品可可黄油。可可黄油常温下一般呈固体状态，多被称为可可脂。它的主要成分是三酰甘油脂肪酸（约占 95％）、二酰甘油脂肪酸（约占 2％）、单酰甘油脂肪酸（＜1％）、极性脂质（约占 1％）和小于 1％的游离脂肪酸等。这些油脂的熔点为 32℃，三酰甘油脂肪酸大约含 37％的油酸、32％的硬脂酸、27％的棕榈酸和 2％～5％的亚麻酸。可可黄油主要用于制作巧克力，除此之外，也广泛用于制作化妆品，如保湿霜及香皂。

可可黄油是通过液压机从可可泥（可可块）或可可液中提取出来的。在大约 93℃时加入可可液后卧式压榨机运行最好。有些提取装置的温度高达 104～113℃，在这样的高温下，长时间处理可可液会影响可可黄油的风味，有可能也会影响终端可可粉的颜色。

通过由上述任意一种方式取得的可可黄油都必须过滤。如果需要，还应进一步压制和提炼，然后再模制并冷却。这一阶段的可可黄油很油腻，外观呈浅黄色、蜡状，有少许光泽，黏合度很差，在 35℃的温度下熔化成非常清澈的液体。

（二）可可粉制作

将压榨可可油后的残渣经碱化处理，弄碎就成了可可粉（图 6-5），可可粉大部分作饮料使用，小部分用于制造巧克力等糖果。提取可可黄油后留下的可可饼含有大约 20％的可可黄油（可可脂），将这些饼碾碎并过筛就变成了可可粉。可可粉有两种：一种是高脂可可粉（脂肪含量为 20％～25％），另一种是低脂可可粉（脂肪含量为 $10\% \sim 13\%$）。高脂可可粉主要用于制作饮料，而低脂可可粉则用于蛋糕、饼干、冰激凌以及其他巧克力风味产品的制作。在泰国，高脂可可粉还运用于香烟的制作上。

图 6-5　可可产品

表 6-2　可可粉的化学成分（除去可可黄油和水）

化学成分	天然可可粉（%）	速溶可可粉（%）
灰分	6.3	10.3
可可碱	2.9	2.8
多元酚	0.5	0.5
蛋白质	14.6	14.0
砂糖	28.1	27.0
淀粉	2.4	2.3
纤维素	14.6	14.0
戊聚糖	22.0	21.2
酸	3.7	3.4
其他物质	1.2	1.1

（三）巧克力制作

巧克力是通过将糖和可可液块搅拌再加入可可黄油制作而成。加了糖的可可液块与可可黄油的比例因人而异。将可可液块与糖混合物在高温下研磨，使制作出的巧克力十分柔滑，然后将混合物进行精炼，使颗粒的大小适中。再将精炼后的混合物倒入圆柱形研磨器中研磨，再继续放入搅拌机中搅拌。如果需要，可以添加可可黄油以及其他香料一同搅拌。搅拌时间的长短决定巧克力的质地。在搅拌结束后可添加所需的可可黄油和蛋黄素。搅拌使豆内的可挥发酸挥发，让风味更佳和使巧克力变得很柔滑，之后将温度下调到 28～30℃。将冷却的巧克力放入计量斗，然后再倒入模具内冷却成型即可。巧克力的类型主要有 3 种，分别是黑巧克力、牛奶巧克力和白巧克力，还有一些其他类型的巧克力制品。

NY/T 1074—2006

可可　种苗
Cocoa grafting

1　范围

本标准规定了可可（*Theobroma cacao* L.）种苗的术语和定义、要求、试验方法、检验规则及包装、标签、运输和贮存。

本标准适用于可可种苗。

2　规范性引用文件

下列文件中的条款通过本标准的引用而成为本标准的条款。凡是注日期的引用文件，其随后所有的修改单（不包括勘误的内容）或修改版均不适用于本标准，然而，鼓励根据本标准达成协议的各方研究是否可使用这些文件的最新版本。凡是不注日期的引用文件，其最新版本适用于本标准。

GB 6000—1999　主要造林树种苗木质量分级

GB 15569—1998　农业植物调运检疫规程

中华人民共和国国务院令　1992 年第 98 号《植物检疫条例》

中华人民共和国农业部令 1995 年第 5 号《植物检疫条例实施细则（农业部分）》

3 术语和定义

下列术语和定义适用于本标准。

3.1

苗高 height of seedling

自土表至苗木最高新梢顶端处的自然高度。

3.2

茎粗 caudex wide

自土表面以上茎干 10cm 处横切面的直径。

3.3

袋装苗 bag seedling

在特定规格并装有营养土的塑料袋中培育的苗木。

4 要求

4.1 基本要求

4.1.1 外观

种源来自经确认的品种纯正、优质高产的母本园或母株，品种纯度要求实生苗≥95%、嫁接苗≥98%；出圃时营养袋完好，营养土完整不松散，土团直径≥15cm，高≥20cm；植株主干直立，生长健壮，叶片浓绿、正常，无机械损伤。砧木生长健壮、根系发达，与接穗亲和力强，嫁接成活率高。

4.1.2 检疫

不携带检疫性病虫害，植株无病虫危害。

4.2 质量要求

可可种苗分为一级、二级两个级别，各级别的质量要求应符合表 1 的规定。

表1

项 目	分 级			
	一级		二级	
	实生苗	嫁接苗	实生苗	嫁接苗
苗高，cm	>40.0	>30.0	30.0～40.0	25.0～30.0
茎粗，cm	>0.60	>0.60	0.40～0.60	0.40～0.60
新梢长，cm	—	>20.0	—	15.0～20.0
新梢粗，cm	—	>0.40	—	0.30～0.40

5 试验方法

5.1 外观检验

用目测法检测植株的生长情况、根系颜色、叶片颜色、病虫害、机械损伤、嫁接口愈合程度。

5.2 疫情检验

按中华人民共和国国务院令第98号和中华人民共和国农业部第5号令及 GB 15569—1998 的有关规定进行。

5.3 质量检验

5.3.1 苗高

用直尺或钢卷尺测量土表至苗木最高新梢顶端处的自然高度，精确到小数点后1位。

5.3.2 茎粗

用游标卡尺测量自土表以上 10cm 处茎干的直径。

5.3.3 新梢长

用直尺或钢卷尺测量接口至新梢顶端的长度。

5.3.4 新梢粗

用游标卡尺测量接口以上 3cm 处新梢直径。

5.4 将苗高、茎粗、新梢长、新梢粗的测量数据记入附录A的表格中。

6 检验规则

6.1 检验批次

同一产地、同时出圃的种苗作为一个检验批次。

6.2 抽样

按 GB 6000—1999 中 4.1.1 的规定执行。

6.3 判定规则

6.3.1 判定

同一批检验的一级种苗中，允许有 5% 的种苗低于一级标准，但必须达到二级标准，超过此范围，则为二级种苗；同一批检验的二级种苗中，允许有 5% 的种苗低于二级标准，超过此范围，则视该批种苗为等外苗。

6.3.2 复验

对质量要求的判定有异议时，应进行复验，并以复验结果为准。疫情指标不复检。

7 标识

种苗出圃时应附有标签，项目栏内用记录笔填写。标签参见附录 C。

8 包装、运输和贮存

8.1 包装

可可苗在出圃前逐渐减少荫蔽，锻炼种苗，在大田荫蔽不足的植区，尤应如此。起苗前停止灌水，起苗后剪除病叶、虫叶、老叶和过长的根系。全株用消毒液喷洒，晾干水分。营养袋完好的苗不需要包装可直接运输。

8.2 运输

种苗在短途运输过程中应保持一定的湿度和通风透气，避免日晒、雨淋；长途运输时应选用配备空调设备的交通工具。

8.3　贮存

种苗出圃后应在当日装运，运达目的地后尽快定植或假植。如短时间内无法定植，袋装苗置于荫棚中，并注意淋水，保持湿润。

附　录　A

（资料性附录）

表 A.1　可可种苗质量检测记录表　　　　No _____

育苗单位							
购苗单位							
品种		报检株数			抽检株数		
样株号	苗高 (cm)	苗茎粗 (cm)	新梢长 (cm)	新梢粗 (cm)	初评级别		
					一级	二级	等外

审核人（签字）：　　　校核人（签字）：　　　检测人（签字）：

检测日期：　　年　月　日

附 录 B

（资料性附录）

表 B.1 可可种苗质量检验证书   No _____

育苗单位		NO	
购苗单位			
种苗品种		种苗类型	
出圃株数		抽样株数	
检验结果	一级： % 二级： % 等外： %		
检验意见			
检验单位 （盖章）			
证书有效期	年 月 日 至 年 月 日		
注：本证一式两份，育苗单位和购苗单位各一份。			

审核人（签字）：   校核人（签字）：   检测人（签字）：

附 录 C

（资料性附录）

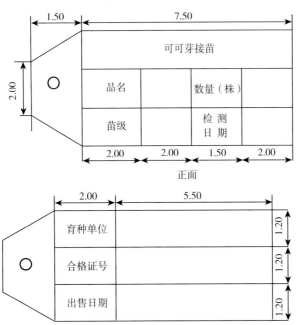

注：标签用150 g的牛皮纸。

标签孔用金属包边。

图 C.1 可可种苗标签

说明：

本标准由中华人民共和国农业部提出。

本标准由农业部热带作物及制品标准化技术委员会归口。

本标准起草单位：农业部热带作物种子种苗质量监督检验测试中心。

本标准主要起草人：邹冬梅、张如莲、龙开意、漆智平。

2006 年 7 月 10 日由中华人民共和国农业部发布，2006 年 10 月 1 日起实施。

附录二

DB46/T 126—2008

可可栽培技术规程
Technical rules for cacao cultivation

1 范围

本标准规定了属于 *Theobroma cacao* L. 种可可的园地选择与规划、垦地与定植、田间管理、主要病虫害防治、采收运输及初加工等技术要求。

本标准适用于可可的栽培管理。

2 规范性引用文件

下列文件中的条款通过本标准的引用而成为本标准的条款。凡是注日期的引用文件，其随后所有的修改单（不包括勘误的内容）或修订版均不适用于本标准，然而，鼓励根据本标准达成协议的各方研究是否可使用这些文件的最新版本。凡是不注日期的引用文件，其最新版本适用于本标准。

GB 4284 农用污泥中污染物控制标准

GB 4285 农药安全使用标准

GB/T 8321 （所有部分）农药合理使用准则

NY 227　微生物肥料

NY/T 496　肥料合理使用准则　通则

NY/T 1074　可可　种苗

SB/T 10208　可可豆

3　园地选择

3.1　气候条件

适宜可可生长的月平均气温为 22～26℃，年降雨量 180～230cm。

3.2　土壤条件

可可适宜生长的土壤是：土层深厚、疏松、有机质丰富、排水和通气性能良好的微酸性土壤。

3.3　立地条件

可可适宜种植在海拔 300m 以下的区域，选择湿度大、温差小、有良好的防风屏障的椰子林地、缓坡森林地或山谷地带。

4　园地规划

确定园地位置之后，应根据地形、植被和气候等情况，周密规划林段面积、道路、排灌系统、防风林带、荫蔽树的设置及居民点、初加工厂的配置等内容。

4.1　小区与防护林

小区面积以 2～3hm² 为宜，形状因地制宜，四周设置防护林。主林带设在较高的迎风处，与主风方向垂直，宽 10～12m；副林带与主林带垂直，一般宽 6～8m。平地营造防护林可选择刚果 12 号桉、木麻黄、马占相思、小叶桉等抗风树种，株行距为 1m×2m。

4.2　道路系统

根据种植园的规模、地形和地貌等条件，设置合理的道路系统，包括主路、支路。主路应贯穿全园并与初加工厂、支路、园外道路相连。山地建园可呈"之"形绕山而上，上升的斜度不应超过 8°；支路修在适中位置，把大区分为小区，一般主路和支路的宽分别为 5～6m 和 3～4m，小区间设小路，路宽 2～3m。

4.3　排灌系统

在园地四周设总排灌沟，园内设纵横大沟并与小区的排水沟相连，根据地势确定各排水沟的大小与深浅，以在短时间内能迅速排除园内积水为宜。坡地建园还应在坡上设防洪沟，以减少水土冲刷。无自流灌溉条件的可可园应做好蓄水或引提水工程。

4.4　种植密度

在平地或椰子园种植采用 2m×2.5m 的株行距；椰子园间种可可时要距离椰子树 3m；在坡地种植采用 2.5m×3m 的株行距。

5　垦地与定植

5.1　垦地

在园地建立可可园时，除按规划保留防护林之外，还应适当的保留原生乔木作为可可的荫蔽树，控制园地的自然荫蔽度在 50% 左右。坡地尽可能采用梯田或环山行开垦，以减少水土流失；平地可采取全垦；在椰子园间种可可不宜采用机耕，以免伤及椰树根，直接挖穴定植即可。

5.2　荫蔽树配置

可可在整个生长过程中都需要一定的荫蔽，特别是定植后两年内的幼龄可可必须有 50% 左右的荫蔽。

5.2.1　临时荫蔽树

可可定植前 6 个月在可可植穴的行间种植临时荫蔽树，一般采用香蕉、木薯、木瓜、山毛豆等作物。可可树长大结实或永久荫蔽树起作用时，便可将临时荫蔽树逐渐疏伐。

5.2.2　永久荫蔽树

在建立可可种植园时，要根据情况设置永久荫蔽树。除了开垦时保留的原生树外，选择适合当地生长的具有经济价值的树种，如椰子、槟榔、橡胶等。据树冠的大小按一定规格在可可行间补种完整，最好在定植可可前1年种植荫蔽树。

5.3 挖穴

挖穴应在定植前一个月进行。要求按株行距挖大穴，植穴规格为60cm×60cm×60cm。挖穴时，把表土、底土分开放，同时捡净树根、石块等杂物。穴曝晒15d左右后开始回土。

5.4 施基肥

每穴投放腐熟的有机肥10~15kg与表土混匀后回穴，再回土踩实做成稍高于地面的土堆，等待定植。

5.5 定植

5.5.1 种苗要求

按照NY/T 1074的规定执行。

5.5.2 定植季节

定植季节一般为4~10月，但以雨水较为集中7~9月为宜。

5.5.3 定植方法

按种苗级别分小区定植。定植时把苗放于穴中，除去营养袋并使苗身正直，根系舒展，覆土深度不宜超过在苗圃时的深度，分层填土，将土略微压实，避免有空隙，定植过程中应保持土团不松散。植后以苗为中心修筑树盘并盖草，淋足定根水，以后酌情淋水，直至成活。植后应遮阴并立柱护苗，一般可用棍子插入土中直立在苗旁或将棍子斜插在土中与苗的主干交叉，立柱后用绳子把苗的主干适当固定在棍子上，植后约半年苗木正常生长后可除去棍子。

6 田间管理

6.1 土壤管理

6.1.1 间作

植后1~2年的幼龄可可园可在行间间种豆类、绿肥、蔬菜、牧草等短期作物，间作物距可可树冠 50cm 以上，不宜间作甘蔗、玉米等高秆作物。

6.1.2　土壤覆盖

幼龄可可园周年树盘覆盖，覆盖物厚 10～15cm，并在其上压少量泥土，覆盖物不应接触树干。行间空地可保留自然生长的草。

6.1.3　中耕除草

除草次数取决于可可园的荫蔽情况和雨量，一般每年进行 2～3 次。在幼龄可可树周围松土可以促进根系的扩展，在可可成龄后一般不主张在植株附近深耕与松土。

6.1.4　深翻扩穴改土

植后第二年起，每年于夏季或冬季，进行深翻扩穴压青施肥，以改良土壤。沿原植穴壁向外挖宽、深各 40cm，长 80～100cm 的施肥沟。在沟内施入杂草、绿肥，并撒上石灰，再施入腐熟禽畜粪肥或土杂肥约 10kg 和钙镁磷肥或过磷酸钙 300g，施后盖土。每年扩穴压青施肥 1～2 次，逐年扩大。

6.2　水分管理

6.2.1　灌溉

6.2.1.1　幼龄树

定植后适时淋水、保持土壤湿润，直至抽出新梢。成活后遇旱需灌水，一般在旱季（11 月至翌年 4 月）每月灌水 1～2 次。

6.2.1.2　结果成龄树

可可在抽梢期、开花高峰期、果实生长发育期，如遇旱应及时灌水，一般 10d 左右灌水 1 次。

6.2.2　排水

可可园雨后应及时排除积水，避免发生涝害。

6.3　施肥管理

6.3.1　施肥原则

按照 NY/T 496 的规定执行。

6.3.2 允许使用的肥料

6.3.2.1 农家肥应堆放发酵 2～3 个月，并加入过磷酸钙 1％＋石灰 0.5％充分腐熟后才能施用；沼气肥需经过密封储存 30d 以上才能施用。

6.3.2.2 经无害化处理后，达到 GB 4284 规定的污泥可作基肥。

6.3.2.3 微生物肥料种类与使用按照 NY 227 的规定执行。

6.3.3 幼龄树的施肥

幼龄树宜勤施薄肥，以氮肥为主，适当配合磷、钾、钙、镁肥。定植后第一次新梢老熟、第二次新梢萌发时开始施肥，每株每次施腐熟稀薄的人畜粪尿或用饼肥沤制的稀薄水肥 1～2kg，离幼树主干基部 20cm 处淋施。以后每月施肥 1～2 次，浓度和用量可逐渐增加。第二、第三年每年的春季（4 月）分别在植株的两侧（距主干 40cm）轮流穴施一次 10～15kg 的有机肥，5 月、8 月、10 月每株分别施一次硫酸钾复合肥（15：15：15）30～50g，在树冠滴水线处开浅沟施，施后盖土。

6.3.4 成龄结果树的施肥

每年春季前施一次有机肥，结合压可可落叶，在可可树冠幅外轮流穴施，每株 12～15kg。结合压可可落叶。5 月、8 月、10 月每株分别施一次硫酸钾复合肥（15：15：15）80～100g，在树冠滴水线处开浅沟施，施后盖土。在开花期、幼果期、果实膨大期，可根据树体生长情况每月追施 2～3 次叶面肥：0.4％尿素＋0.2％磷酸二氢钾＋0.2％硫酸镁、氨基酸叶面肥、微量元素叶面肥、腐殖酸叶面肥等。具体施用技术按照说明书要求进行。

6.4 整形与修剪

6.4.1 实生树的整形

实生树的主干长到一定高度就会分枝，一般会在同一平面长出 5 条左右的分枝，只留下 3 条间距适宜的健壮分枝作为主枝，使其形成一个生长平衡的树型。如果主干分枝点高度适宜，则须将从主干上抽生的直生枝剪除，以促进扇形枝的生长；如果分枝点部位较低（≤80cm），则可保留主干分枝点下长出的第一条直生枝，让其生长发育，同样保留3条不同方向的分枝，与第一层分枝错开，形成"一干、二层、六分枝"的双层树型。

6.4.2　芽接树的整形

芽接树的分枝低而多，为了使其形成一个较高的树型，低的分枝应当修剪掉，一般只留下 80～100cm 处 3～4 条健壮分枝，让其发育形成骨架。整形应在植后两年开始逐步轻度进行，最好使树枝伸展成框架性，树冠发育成倒圆锥型。

6.4.3　修剪

根据所要培养的树型剪除不需要的枝条，一般是将主枝上离干30cm以内、过密、较弱、受病虫危害的分枝剪除，并经常性除去无用的徒长枝，使树冠能通气、透光。修剪宜在旱季进行，修剪工具必须锋利，剪口要光滑、洁净，修剪次数根据情况而定，一般每年修剪3～5次。

6.5　主要病虫害防治

6.5.1　防治原则

贯彻"预防为主，综合防治"的植保方针，坚持以"农业防治、物理防治、生物防治为主，化学防治为辅"的无害化治理原则。

6.5.2　农业防治

适当降低荫蔽度，加强检疫。严禁从疫区引进可可和其他寄主植物，引种须限制数量，并在植区以外的地方试种、观察和经过病毒检测；发现零星病株及时砍除，以后还要重复检查、清除至2年内不再出现新病株；种植抗病、耐病品种。

6.5.3　物理防治

使用杀虫灯，利用害虫的趋光、趋波特性诱杀。

6.5.4 生物防治

保护和释放寄生蜂、蟋蟀、螳螂、猎蝽等天敌。

6.5.5 农药防治

农药的安全使用按 GB 4285、GB/T 8321 中有关的农药使用准则和规定执行。推荐使用附录 A 中的防治病虫草害农药的种类。

7 采收运输与初加工

7.1 采收

7.1.1 采收时间

主要收获期为 2～4 月和 9～11 月。

7.1.2 采收标准

不同品种可可果实成熟时的色泽有所不同：绿果变成黄色或橙黄色、红果变成浅红色或橙色即可采收。

7.1.3 采收方法

采果时须小心地用钩形利刀或枝剪刀从果柄处割断，切忌伤及果枕。不应上树采果，只能用三脚梯子或长柄利刀进行采摘。

7.2 运输

采收的果实用竹制箩筐或塑料筐分类盛装，或采收后直接用刀小心切开取出种子分类装入木桶、塑胶桶（种植地与初加工厂的运输时间＜1h 才用此方法），然后集中用车运送到初加工厂的发酵车间。

7.3 初加工技术

7.3.1 发酵

将种子放进发酵箱（池）进行发酵，厚度在 60～100cm，盖上草席或焦叶，保持温度 45～51℃发酵 48h，然后将其混合移入中级池。如果发酵的可可种子量较大（≥375kg），可在发酵 24h 后翻动一次，否则可在 48h 后翻动。发酵时间根据可可品种而异，一般 5～8d，以种子变成红褐色为度。

7.3.2 洗涤与干燥

发酵完全后将种子置于洗涤机或水槽中洗净，除去果肉后沥水并晾干或放在干燥箱（室）干燥，待种子含水量约 6%，即以手指可搓掉种皮。

7.3.3 贮藏

发酵干燥后的可可种子就成为商品可可豆，按照 SB/T 10208 的要求将可可豆分级打包，然后置于干燥的底部铺设防潮隔板的仓库中备售。

附　录　A
（资料性附录）
推荐可可主要病虫草害农药种类

病虫害	部位	农药	使用量	施用频率	方法	备注
肿枝病	整株	灭蚁灵	100 倍液	15d/次	制作毒饵诱杀传毒昆虫	
		烯虫酯	100 倍液	15d/次		
		硼酸	100 倍液	15d/次		
黑果病	荚果	波尔多液	100～150 倍液	10d/次	喷雾	
		乙磷铝	500～1 000 倍液	15d/次	喷雾	
褐腐病	幼果	波尔多液	100～150 倍液	10d/次	喷雾	开花坐果期喷施
鬼帚病	嫩梢	波尔多液	100～150 倍液	30d/次	喷雾	
盲蝽	枝条幼果果柄	合杀威	6～7ml	2 月初	喷雾	
		异丙威	6～7ml	2 月初	喷雾	
		残杀威	6～7ml	2 月初	喷雾	
		二嗪农	10ml	2 月初	撒施	

说明：

本标准由海南省质量技术监督局提出。

本标准由海南省农业标准化技术委员会归口。

本标准起草单位：中国热带农业科学院香料饮料研究所。

本标准主要起草人：赖剑雄、宋应辉、朱自慧、王辉。

2008 年 6 月 24 日由海南省质量技术监督局发布，2008 年 8 月 30 日起实施。

SN/T 1355—2004

可可褐盲蝽检疫鉴定方法
Methods for quarantine and identification of *Sahlbergella singularis* Haglund

1 范围

本标准规定了进境植物检疫中可可褐盲蝽的检疫和鉴定方法。本标准适用于可可褐盲蝽的检疫和鉴定。

2 术语和定义

下列术语和定义适用于本标准。

2.1

胝 callus

在半翅木昆虫中，指前胸背板前叶一对略呈椭圆形的区域，常略隆起或质地特殊。

2.2

盘域（或称中域）**diacal area**

对于昆虫的前胸背板而言，是指前胸背板中心区。

2.3

膜片 membrane

半翅木昆虫前翅端部薄而半透明区域。

2.4

爪片 clavus

在半翅木昆虫中，半鞘翅后缘处被一条与后缘近平行的逢线（爪片缝 claval suture）分割出的一个狭片。

2.5

革片 corium

在盲蝽科，半鞘翅除爪片与楔片之外的部分。

2.6

楔片 cuneus

在盲蝽科、花蝽科，革片端角处被一短横线分割出的一个三角形区域。

3 原理

可可褐盲蝽广泛分布于西非，严重危害可可等作物（参见附录 B）。该虫属半翅目 Hemiptera 盲蝽科 Miridae 大盾盲蝽属 *Sahlbergella*。盲蝽科为半翅目的一个大科，世界已知约 5 000 种。在掌握盲蝽科形态特征的基础上，形态鉴定中需强调大盾盲蝽属的属征及可可褐盲蝽种的鉴别要点。另外，寄生被害状也是现场检验的重要依据。

4 仪器和试剂

4.1 仪器

放大镜、体视显微镜、生物显微镜、小毛笔、镊子、剪刀、白瓷盆、解剖针、指形管、标签。

4.2 试剂

保存液：75％乙醇。

5 现场检疫

5.1 检查被害状

在现场用放大镜对入境可可类材料如种苗、枝条、果荚的背光面仔细查找，受可可褐盲蝽危害的果荚出现圆形小斑点，后变黑、腐烂或开裂。嫩梢被害后出现水渍状梭形斑点，后变黑，组织干枯下陷，被害处出现纵折痕。茎干被害后出现细长卵形下陷斑，被害有裂纹，约20d后树皮裂开，可看到死后韧皮纤维的网状结构。如果受害茎干组织愈合，则在白斑边缘产生梭形突起的痂。

5.2 收集虫样

用木条拍击寄主材料，使可疑盲蝽跌落，下面用大白瓷盘收集标本；如检查被害状时发现可疑盲蝽，则用小毛笔挑起，放入指形管或75％乙醇保存液中。

5.3 表面检验

在进境可可类材料的种苗、枝条、果荚上如发现可疑盲蝽类卵、若虫时，可移入室内在25℃，相对湿度75％条件下饲养观察，待成虫出现后进行镜检。

6 实验室鉴定

6.1 盲蝽科鉴定特征

触角四节，喙四节，无单眼；前翅分为革片、爪片、楔片及膜片四部分，膜区的脉纹围成两个翅室。

6.2 大盾盲蝽属 *Sahlbergella* 鉴定特征

复眼大，其宽约为头顶宽之半，具短柄，向两侧伸出。触角第一节粗短，第二节具排列不规则的颗瘤，第三节向端部渐大，

第四节短于第三节，水滴状。前胸背板六角形，盘域具粗大刻点，并散布光滑的小颗瘤。小盾片大，较强烈拱隆，表面构造同前胸背板。胫节粗而略弯，圆柱形，密布半直立毛，外侧不呈波曲状。

6.3 可可褐盲蝽鉴定特征

6.3.1 成虫

体长 8～10mm，宽 3～4.5mm。褐色至红褐色，散布淡色斑，触角褐色至黑褐色。前胸背板的胝多为黑色，或多或少隆起。前翅膜片黄色，密布大型褐斑。腿节有一淡色宽环，两端黑褐色，两侧黄白色，散布稀疏的褐色碎斑（参见图 A.1）。

6.3.2 若虫

玫瑰色或栗色，体圆形或小球形。老龄若虫腹节有明显的圆疣，并整齐横向排列于每个环节。胸及小盾片有皱纹。

6.3.3 卵

长 1.6～1.9mm，圆筒形，白色，孵化前玫瑰色。端部稍弯曲，前部有隆线，有两个不同长度的附器。

7 结果判定

以成虫鉴定特征为依据，符合 6.1、6.2、6.3 形态特征的可判定为可可褐盲蝽。

附 录 A

(资料性附录)

可可褐盲蝽与狄氏盲蝽的形态特征比较

可可褐盲蝽与狄氏盲蝽 *Distantiella theobroma* （Dist.）的危害方式和生物学特性极其相似，而且在南非许多地区分布重叠，两者的形态区别见表 A.1。

表 A.1

可可褐盲蝽	狄氏盲蝽
1. 眼较宽大，约为额宽之半	1. 眼较小，约为额宽的四分之一
2. 前胸背板呈梯形，后缘远宽于前缘，其上颗粒状突起较小	2. 前胸背板近四方形，具若干小瘤状结节，凹凸不平
3. 小盾片较平，其上颗粒状突起小	3. 小盾片强烈隆起，肥厚，具小瘤状结节
4. 前足基节臼小，由背方不可见	4. 前足基节臼大，由背方从前胸领部两侧可见
5. 后足胫节不呈结状，外缘直	5. 后足胫节结节状肿大，外缘波曲状

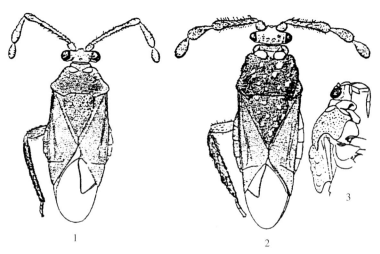

图 A.1　可可褐盲蝽与狄氏盲蝽的形态特征图示

1——可可褐盲蝽；2——狄氏盲蝽；3——狄氏盲蝽头胸侧面观（仿 China）。

附　录　B

（资料性附录）
可可褐盲蝽的分布和寄主植物

B.1　分布

塞拉利昂、加纳、多哥、尼日利亚、喀麦隆、中非、乌干达、扎伊尔、刚果、斐南多波岛等地。

B.2　寄主植物

Berria amonilla、几内亚斑贝 *Bombax buonpozense*、吉贝 *Ceiba pentandra*、苏丹可乐果 *Cola acuminata*、异叶可乐果 *Cola diversifolia*、大叶可乐果 *Cola gigantea glabrescens*、侧生可乐果 *Cola lateritia maclaudi*、半氏大叶可乐果 *Cola millenii*、亮叶可乐果 *Cola nitida*、*Nesogordonia papavifera*、香苹婆 *Sterculia foetida*、象鼻黄苹婆 *Sterculia rhinopetala*、二色可乐 *Theobroma bicolor*、可可 *Theobroma cacao*、小可可 *Theobroma microcarpum*。

说明：

本标准由国家认证认可监督管理委员会提出并归口。

本标准由中华人民共和国国家质量监督检验检疫总局动植物检疫实验所负责起草，中华人民共和国宁波出入境检验检疫局参加起草。

本标准主要起草人：张生芳、徐瑛、傅冬良。

本标准系首次发布的出入境检验检疫行业标准。

2004 年 6 月 1 日由中华人民共和国国家质量监督检验检疫总局发布，2004 年 12 月 1 日起实施。

LS/T 3221—1994

可 可 豆
Cocoa beans

1 主题内容与适用范围

本标准规定了可可豆的术语、技术要求、检验方法、检验规则以及标志、包装、运输和贮存等要求。

本标准适用于生产可可制品的原料可可豆。

2 引用标准

GB 2715 粮食卫生标准

GB 5009.36 粮食卫生标准的分析方法

3 术语

3.1 可可豆：经过发酵和干燥的可可树的种子。

3.2 完好豆：表面完整、籽仁饱满的可可豆。

3.3 次豆

3.3.1 霉豆：内部发霉的可可豆。

3.3.2 僵豆：一半或一半以上表面呈青灰色或玉白色的可可豆。

3.3.3 虫蛀豆：被昆虫侵蚀、显示损坏痕迹的可可豆。

3.3.4 发芽豆：由于种子胚芽生长、顶破外壳，引起破裂的可可豆。

3.3.5 扁瘪豆：瘪薄得看不到豆仁的可可豆。

3.3.6 烟熏豆：被烟熏染过的可可豆。

3.3.7 残豆：大于半粒的不完整的可可豆。

3.3.8 碎粒：等于或小于半粒的可可豆。

3.3.9 壳片：不含可可仁的可可豆外壳。

4 技术要求

4.1 感官指标

4.1.1 气味：成批可可豆中，不得含有烟熏豆或其他异味的豆。

4.1.2 纯度：成批可可豆中，不得含有非可可豆成分的植物种子。

4.1.3 活虫：成批可可豆不得有活虫。

4.2 质量指标

质量指标见表1。

表1

项 目		等 级		
		一	二	三
水分，%	≤	7.5		
杂质，%	≤	1.0		
碎粒，%	≤	3.0		
霉豆，%	≤	3.0	4.0	4.0
僵豆，%	≤	3.0	8.0	8.0
虫蛀豆、发芽豆、扁瘪豆，%	≤	2.5	5.0	6.0
百克粒数，豆粒数/100g	≤	≤100	101～110	111～120

注：①当某粒可可豆有几种缺陷时，按最差的一种缺陷分级，其严重程度递减顺序为：霉豆——僵豆——虫蛀豆、发芽豆、扁瘪豆。

②质量指标中，有一项不符合等级要求，即降级处置，三级豆以外的应作为等外豆。

4.3 卫生要求应符合 GB 2715 的规定。

5　试验方法

5.1　可可豆样品的制备

5.1.1　取样工具

　　a. 取样器：铁制或不锈钢制沟槽式样扦，槽长 450mm，槽宽 20mm，槽深 13mm；

　　b. 混样板：金属或有机玻璃制，长 150～200mm，宽 80～120mm，厚 3～5mm；

　　c. 混样布：塑料或油布制，800mm×800mm；

　　d. 天平：感量 0.1g；

　　e. 盛样袋：塑料制，大小不限。

5.1.2　原始样品的扦取

　　按每一检验批总件数，不少于 30％扦取。必须从完好包件中随机扦取，每袋取样 20～25g（20～30 粒）。

5.1.3　平均样品的扦取

　　将原始样品置于混样布上，用混样板充分混匀，以四分法连续缩分至 7～8kg，装入盛样袋，携回实验室。

5.1.4　试样的制备

　　将平均样品置于检验台上，用混样板拌匀，以四分法连续缩分至约 2000g 为式样。

5.2　水分测定

5.2.1　原理

　　可可豆经碾碎后，在规定的温度下，烘干一定的时间，测定失重，以百分率表示。

5.2.2　仪器和用具

　　a. 天平：感量 0.0001；

　　b. 研杵和研钵：可以碾碎可可豆，但不产生热量；

c. 电热烘箱：能较好地控制在 103℃±2℃；

d. 称量皿：金属或玻璃制，最小有效面积 35cm²，内径为 70mm，高 20～25mm；

e. 干燥器：内装有有效硅胶干燥剂。

5.2.3　操作程序

5.2.3.1　常规法

取试样 10g 左右，在 1min 内将其粗略碾碎，最大颗粒应小于 5mm，不能碾成浆状。将预先烘干的袋盖皿称重，迅速称入约 10g 碾碎之试样二份，精确至 0.001g。将装有试样的烘皿及皿盖置于 103℃±2℃ 的电热烘箱中，保持 16h±1h 后，将烘皿加盖后立即取出，移入干燥器内。待其冷却至室温（需 30～40min）后称重，精确至 0.001g。上述试样的碾碎、称重的操作过程必须在 5min 内完成。结果计算如式（1）。

$$水分（\%）=\frac{m_1-m_2}{m_1-m_0}\times100 \qquad (1)$$

式中：m_0——空皿（连盖）的质量，g；

$\qquad m_1$——空皿（连盖）和烘前样品的质量，g；

$\qquad m_2$——空皿（连盖）和烘后样品的质量，g。

双试验结果允许误差不超过 0.3%，取平均值，测定结果取小数点后第一位。

5.2.3.2　快速法

取试样 10g 左右，在 1min 内将其粗略碾碎，最大颗粒应小于 5mm，不能碾成浆状。将预先烘干的袋盖皿称重，迅速称入约 10g 碾碎之试样二份，精确至 0.001g。将装有试样的烘皿及皿盖置于 130℃ 的电热烘箱内，在 2～3min 内调整温度在 130℃ 时起，保持 130℃±2℃ 烘干 40min，将烘皿加盖后立即取出，移入干燥器内，冷却至室温，称重，精确至 0.001g。结果计算如式（2）。

$$水分（\%）=\frac{m_1-m_2}{m_1-m_0}\times100 \qquad (2)$$

式中：m_0——空皿（连盖）的质量，g；

m_1——空皿（连盖）和烘前样品的质量，g；

m_2——空皿（连盖）和烘后样品的质量，g。

双试验结果允许误差不超过 0.3%，取平均值，测定结果取小数点后第一位。

5.3　杂质测定

5.3.1　仪器和用具

　　a. 天平：感量 0.1g；

　　b. 样品盘；

　　c. 分级筛；

　　d. 镊子。

5.3.2　操作程序

　　称取试样 1 000g，用分级筛对试样进行筛选，捡出筛上物中的泥块、石块、金属、植物茎叶等非可可豆物质及壳片与筛下物合并，一起称重。结果计算如式（3）。

$$杂质（\%）=\frac{m_1}{m}\times100 \qquad (3)$$

式中：m_1——非可可豆物质、壳片、筛下物的质量，g；

　　　m——试样的质量，g。

　　双试验结果允许误差不超过 0.3%，取平均值，测定结果取小数点后第一位。

5.4　碎粒测定

5.4.1　仪器和用具

　　a. 天平：感量 0.1g；

　　b. 样品盘；

　　c. 镊子。

5.4.2 操作程序

称取试样 1 000g，从中拣出碎粒，称重。结果计算如式（4）。

$$碎粒（\%）=\frac{m_1}{m}\times100 \qquad (4)$$

式中：m_1——碎粒的质量，g；

m——试样的质量，g。

双试验结果允许误差不超过 0.3%，取平均值，测定结果取小数点后第一位。

5.5 霉豆、僵豆和虫蛀豆、发芽豆、扁瘪豆的测定（剖切试验）

5.5.1 仪器和用具

a. 样品盘；

b. 剖切刀；

c. 镊子。

5.5.2 操作程序

从试样中取 300 粒完整可可豆置于样品盘中，用剖切刀逐粒从豆的正中沿纵向剖切，获得可可豆的最大剖切面。在充足的日光或人造灯光下，凭视觉检验每粒可可豆的两个剖切面。分别拣出霉豆、僵豆和虫蛀豆、发芽豆、扁瘪豆等各类次豆，点数，分别称重，并做好记录。如果同一粒可可豆存在两种或两种以上缺陷时，只记录其中最严重的一种，其记录顺序见 4.2 中注①。结果计算如式（5）。

$$次豆（\%）=\frac{m_1}{m}\times100 \qquad (5)$$

式中：m_1——次豆的质量，g；

m——试样的质量，g。

双试验结果允许误差不超过 0.3%，取平均值，测定结果取小数点后第一位。

5.6 百克粒数测定

称取一定量的完整可可豆，对豆粒计数，计算每百克重量可可豆中所含豆粒数。结果计算如式（6）。

$$百克粒数（豆粒数/100\mathrm{g}）=\frac{m_1}{m}\times100 \qquad (6)$$

式中：m_1——试样总豆粒数；

$\qquad m$——试样的质量，g。

计算结果取整数。

5.7 卫生指标检验按 GB 5009.36 执行。

6 检验规则

6.1 可可豆出仓（交货）必须进行出仓交收检验，以提货单或发票列明数量为一检验批次。

6.2 可可豆由质量检验部门按本标准所制定的感官指标、质量指标项目实行全检。对每一进货批次进行卫生指标抽检。检验（含复验）结果有一项不符合规定，则该批可可豆为不合格。

6.3 检验样品应妥善保存，以备复验。对检验的结果右异议时，样品及时送法定或双方同意的仲裁机构复验仲裁。

7 标志、包装、运输和贮存

7.1 每袋可可豆应有签封、生产国制、产品名称和必要的标志。

7.2 包装袋必须卫生清洁、缝线良好，具有足够的强度，采用对人体无害的材料制成。

7.3 用做标志的墨水和油漆不得接触袋中的可可豆。

7.4 运输车、船应卫生清洁，具有防湿、防漏、防止污染的设施。

7.5 每贮存仓库应清洁、干燥，具有防潮、防污染、防虫害的设施。

说明：

本标准由中华人民共和国国内贸易部提出并归口。

本标准由上海大明可可制品有限公司（原上海油脂四厂）负责起草。

本标准主要起草人：吕有贵、孙妙芳、闻佩霞、谢阶平。

1994 年 6 月 27 日由中华人民共和国国内贸易部发布，1994 年 12 月 1 日起实施。

SN/T 0972—2012

出口可可豆检验规程
Rules for inspection of cocoa beans for export

1 范围

本标准规定了出口可可豆的术语和定义、通用要求、抽样与制样、重量鉴定、品质检验、卫生检验、检验结果判定与处置的方法。

本标准适用于出口可可豆的检验。

2 规范性引用文件

下列文件对于本标准的应用是必不可少的。凡是注日期的引用文件，仅注日期的版本适用于本标准。凡是不注日期的引用文件，其最新版本（包括所有的修改单）适用于本标准。

GB 2762 食品中污染物限量

GB/T 5009.11 粮食中总砷及无机砷的测定

GB/T 8170 数值修约规则及极限数值的表示和判定

SN/T 0188 进出口商品衡器鉴重规程

3 术语和定义

下列术语和定义适用于本标准。

3.1

检验批 pillar

以同一合同项下，同一发票或同一提单所列数量的可可豆为一检验批；也可以一个集装箱所载的可可豆为一检验批。以每一检验批作为一个取样、检验、出证的单元。

3.2

原始样品 primary sample

从包件中直接扦取，但未经缩分的大样。

3.3

平均样品 average sample

原始样品经充分混匀，并经缩分的样品。

3.4

试验样品 laboratory sample

简称试样。平均样品根据各检验项目所需样品的数量，再经进一步缩分的最终样品。

3.5

百克粒数 bean count

每一百克重量可可豆所包含的豆粒数。

3.6

僵豆 slaty bean

一半或一半以上的剖切表面呈青灰色石板状且没有明显纹路的可可豆。

3.7

霉豆 mouldy bean

肉眼可见内部发霉的可可豆。

3.8

虫蛀豆 insect-damaged bean

内部有活虫或虫尸体，或凭肉眼可见的虫蛀痕迹的可可豆。

3.9

发芽豆 germinated bean

由于种子胚芽生长，顶破豆壳的可可豆。

3.10

扁瘪豆 flat bean

两片子叶极薄，以致剖切后不能获取豆仁的可可豆。

3.11

完整豆 whole bean

包括无壳豆在内的整粒可可豆。

3.12

碎豆 broken bean

子叶破损一半或一半以上的可可豆。

3.13

废物 waste

当完整豆和碎豆从试样中分离后，剩下的各类杂质，如可可簇、可可荚、可可碎壳及外来杂质（包括尘土）。

4 通用要求

4.1 卫生指标

总砷限量指标按 GB 2762 执行。

4.2 其他要求

重量、废物含量、百克粒测定、霉豆、僵豆、虫蛀豆、发芽豆、扁瘪豆、水分含量等要求应符合贸易双方的合同约定。

5 抽样与制样

5.1 抽样与制样用具

5.1.1 取样器：不锈钢制，长度至少 40cm。

5.1.2 天平：感量 0.1g。

5.1.3 混样布：塑料制或其他替代品，大小适中。

5.1.4 混样板：硬质材料制，大小适中。

5.1.5 四分器：不锈钢制。

5.1.6 盛样袋：2kg 装，塑料制。

5.1.7 封样袋：2kg 装，麻制。

5.2　抽样方法

包件鉴重的样品和倒包法检验废物含量的样品，从全批到货的完好包件中随机整包抽取。其他项目检验的样品从完好包件中随机扦取，每袋取样数量应基本一致，至少约重 20g（含 20 粒左右）。

5.3　抽样数量

5.3.1　一般要求

采用包件鉴重的样品按全批总件数的 10％抽取，若发现短重则扩大至 100％；采用整箱鉴重的抽样比例为 100％。采用倒包法进行废物含量检验的样品为 16 包～32 包（1 000kg～2 000 kg）；采用扦样法进行废物含量检验的样品应按全批总件数，不少于 30％抽取。

5.3.2　其他项目的检验

实施口岸查验的初检样品应逐箱抽取，每箱不得少于 10 包。复验样品应按全批总件数，不少于 30％抽取。

5.4　样品的制备

5.4.1　平均样品的制备

先将原始样品在混样布上充分混匀，再用四分器或用混样板连续缩分至 8kg～10kg，装入盛样袋内，密封，携回实验室。

5.4.2　试样的制备

5.4.2.1 将平均样品采用四分器或用混样布赫混样板连续缩分至约 2 000g，再分为 4 份，每份约 500g，其中 1 份供卫生检验。

5.4.2.2 将上述 3 份余样再分为 4 份，每份约 300g，供废物含量检验（扦取法）后剖，再供作百克粒数测定。

5.4.2.3 从任一份试样中，随即称取 25g～30g（含 25 粒～30 粒）供水分含量测定。

5.4.2.4 其余 3 份试样供剖切试验。

5.5 寄送国外复验样品和国内备查样品规定

5.5.1 将所剩余的平均样品分称 3 份，每份 2kg，其中 2 份供寄送国外复验，1 份供国内备查。

5.5.2 上述样品采用封样袋盛装、封识，并附样品标签。样品标签应包括下列内容：

    a）标明本样品系从不少于 30％完好包件中扦取；

    b）船名；

    c）装货港；

    d）卸货港；

    e）标记；

    f）数量；

    g）卸毕日期和开箱日期；

    h）取样日期；

    i）提单号码和集装箱箱号。

5.5.3 国内备查样品保存期自卸毕之日起为 90d。

5.6 分样流程图

分样流程图见图 1。

6 重量鉴定

6.1 包件鉴重法

6.1.1 衡器

机械式磅秤或电子平台秤，感量 0.1kg。

6.1.2 操作程序

6.1.2.1 5.3.1 样件的重量（包括毛重、皮重、净重）按照

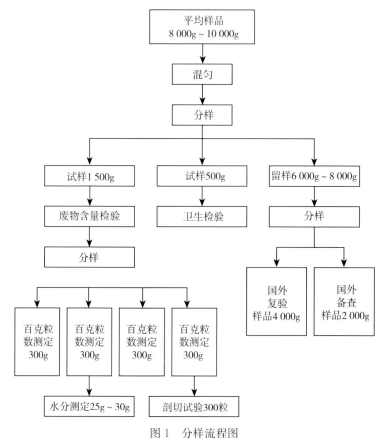

图 1　分样流程图

SN/T 0188 的规定进行鉴定。

6.1.2.2 对原损破包应单独堆放，单独衡重，单独记录。对在卸货过程中及卸货后造成的破包重量，应按实衡完好包平均重量予以推算。

6.1.2.3 地脚数量应以扫舱或扫箱计算为准。

6.2　整箱鉴重法

6.2.1 衡器

数字式汽车衡，最大称量值 80 000kg～100 000kg，检定分度值 10kg。

6.2.2 操作程序

6.2.2.1 对卡车与集装箱及所载可可豆（含麻袋包装）的总重量按照 SN/T 0188 的规定进行鉴定。

6.2.2.2 卸货后扫清地脚，将集装箱中所带各种吸潮物品（如纸板、干燥剂等）还原至箱中，再静态称取卡车和集装箱之自重。

6.2.2.3 在进行上述两项操作时，卸货地点与称重地点之间的集装箱卡车行驶距离不得超过 3km，若超过 3km 则按集装箱卡车的平均油耗 0.26kg/km 计算，并在 6.2.2.2 称量结果中予以补上。

6.2.2.4 可可豆麻袋包装皮重应按照 SN/T 0188 的规定进行鉴定。

6.2.3 结果计算

整箱鉴重法的可可豆总毛重按式（1）计算：

$$K = Q - J - T \qquad (1)$$

式中：K——可可豆总毛重，单位为千克（kg）；

$\quad Q$——卡车与集装箱（含吸潮物品）及所载可可豆总毛重之和，单位为千克（kg）；

$\quad J$——卡车与集装箱（含吸潮物品）的重量，单位为千克（kg）；

$\quad T$——麻袋总皮重，单位为千克（kg）。

7 品质检验

7.1 废物含量检验

7.1.1 倒包法

7.1.1.1 设备

7.1.1.1.1 去杂除尘装置。

7.1.1.1.2　台秤：感量 0.1kg。

7.1.1.2　方法原理

　　利用可可加工厂家的前清洁处理设施，在投料生产过程中进行废物含量检验。

7.1.1.3　操作程序

　　清空去杂除尘设备的收集装置，将 5.3.1 样件逐包倒入其中进行去杂除尘，待供试验样品全部过机后，收集各类杂质和灰尘，剔除可能混入其中的可可豆，进行称量，并做好记录。

7.1.2　扦样法

7.1.2.1　用具

7.1.2.1.1　样品盘：白色正方形木盘，边长 200mm～300mm。墙高 30mm～40mm。

7.1.2.1.2　案秤：感量 0.1g。

7.1.2.2　操作程序

　　先称取 5.4.2.2 试样重量，然后将试样倒入样品盘中，拣出废物，再称取废物重量。

7.1.2.3　计算结果

　　废物含量按式（2）计算：

$$\omega = \frac{F}{M} \times 100 \qquad\qquad (2)$$

式中：ω——废物含量，以％表示（精确至 0.1％）；

　　　　F——废物含量，单位为千克（kg）；

　　　　M——供试样品总质量，单位为千克（kg）。

7.2　百克粒数测定

7.2.1　用具

　　同 7.1.2.1。

7.2.2　操作程序

　　将 5.4.2.2 试样分别置于 4 只样品盘中，予以编号，剔除碎豆后称量，点数完整豆（包括扁瘪豆）粒数，并分别做好记录。

7.2.3 结果计算

7.2.3.1 百克粒数按式（3）计算：

$$C = \frac{B}{W} \times 100 \tag{3}$$

式中：C——百克粒数（精确至 0.1%），以豆粒数/100g 表示；

B——每份试样豆粒数；

W——每份试样质量，单位为克（g）。

7.2.3.2 取 4 次测定之算术平均整数值作为全批可可豆的百克粒数测定最终结果。

7.3 剖切试验

7.3.1 用具

7.3.1.1 样品盘：要求同 7.1.2.1.1。

7.3.1.2 镊子。

7.3.1.3 剖切刀或剪刀，或具备同样功能的其他刀具。

7.3.2 操作程序

7.3.2.1 将经百克粒数测定后的样品置于样品盘中，点数 300 粒（多则随机剔除，少则从留样中随机捡取完整豆补足），用剖切刀逐粒从其正中沿纵向剖开，以获取可可豆的最大剖切面，在充足的自然光下或相当的人造光下，凭肉眼检视每粒可可豆的两个剖切面。

7.3.2.2 捡出各项疵豆（defective bean），并分别点数，做好记录。

7.3.2.3 如果同一粒可可豆同时存在两种或两种以上的疵项时，只记录其中最严重的一项，记录顺序如下：

——霉豆；

——僵豆；

——虫蛀豆；

——发芽豆；

——扁瘪豆。

7.3.3　结果计算

剖切试验结果用各项疵豆豆粒数所占试样总粒数的百分比表示，按式（4）计算：

$$D = \frac{N}{300} \times 100 \tag{4}$$

式中：D——各项疵豆百分含量，用％表示（精确至 0.1％）；

　　　　N——各项疵豆豆粒数。

7.4　水分测定

7.4.1　方法原理

可可豆经碾碎后，在规定的温度下，烘干一定的时间，测定失重，以百分率表示。

7.4.2　仪器设备

7.4.2.1　金属研钵。

7.4.2.2　常压电热烘箱。

7.4.2.3　圆形铝制烘皿：具有盖，皿和盖应标明相同的号码，内径 80mm（有效面积不得小于 3500mm²），高 20mm～25mm。

7.4.2.4　玻璃干燥器。

7.4.2.5　分析天平：感量 0.001g。

7.4.3　样品制备

将供水分测定之试样逐粒置于研钵中，在 1min 内研碎，直至其最大颗粒直径小于 5mm，但是不能研磨成浆糊状。

7.4.4　仲裁法

将预先烘干的具盖烘皿称量，精确至 0.001g，再用此烘皿称取约 10g 样品两份，精确至 0.001g，上述称量操作过程应在 5min 内完成。将盛有试样的烘皿连同打开的皿盖，置于 130℃ ±2℃ 的电热烘箱中，烘干 16h±1h 后取出烘皿，立即加盖，移入干燥器内，冷却至室温后复称，精确至 0.001g。

7.4.5 快速法

将预先烘干的具盖烘皿称量，精确至 0.001g，再用此烘皿称取约 10g 样品两份，精确至 0.001g，上述称量操作过程应在 5min 内完成。将盛有试样的烘皿连同打开的皿盖置于预先加热稍高于 130℃ 的电热烘箱内，在 2min 内调整温度至 130℃ 时起，保持 130℃±2℃ 烘干 40min，取出烘皿，立即加盖，置于干燥器内，冷却至室温后复称，精确至 0.001g。

7.4.6 结果计算

水分含量按式（5）计算：

$$\omega = \frac{m_1 - m_2}{m_1 - m_0} \times 100\% \tag{5}$$

式中：ω——可可豆水分含量，用％表示（精确至 0.01％）；

m_0——空皿重量，单位为克（g）；

m_1——空皿与烘前试样重量，单位为克（g）；

m_2——空皿与烘后试样重量，单位为克（g）。

如果符合 7.4.7 允许误差之要求，取两次测定的算术平均值作为测定结果，精确至 0.1％。

7.4.7 允许测定误差

由同一分析者同时进行的两次测定结果之差不得超过 0.3％。

8 卫生检验

总砷含量检验按 GB/T 5009.11 规定的方法执行。

9 检验结果判定与处置

9.1 若经口岸查验初检不合格，应当进行复验，并以复验结果为准。初检和复验所采用的检验方法应当保持一致（废物含量检验可以除外)。

9.2 若合同订有免赔率条款，凡实衡净重较发票列明净重短少比例超过免赔率者；或若合同无免赔率条款，凡其短少比例超过0.2%者，则判作重量不合格。

9.3 凡废物含量超过合同规定者；或若合同无具体规定，凡其含量超过 0.2%者，均判作废物含量超标。

9.4 凡总砷含量检验结果超过国家标准规定者，均判作卫生检验不合格，并作退运或销毁处理。

9.5 凡百克粒数、水分含量、僵豆或各项疵豆之比例，其中任一项结果超过合同规定者，均判作品质不合格。

9.6 以上各项结果计算均按 GB/T 8170 规定修约。

说明：

本标准由国家认证认可监督管理委员会提出并归口。

本标准由中华人民共和国上海出入境检验检疫局负责起草。

本标准主要起草人：张余仁、余拥军、宋哲。

2012 年 5 月 7 日由中华人民共和国国家质量监督检验检疫总局发布，2012 年 11 月 16 日起实施。

GB/T 20705—2006

可可液块及可可饼块
Cocoa mass and cocoa cake

1 范围

本标准规定了可可液块及可可饼块的产品分类、技术要求、试验方法、检验规则和标签要求。

本标准适用于可可液块及可可饼块的生产、销售和监督。

2 规范性引用文件

下列文件中的条款通过本标准的引用而成为本标准的条款。凡是注日期的引用文件，其随后所有的修改单（不包括勘误的内容）或修订版均不适用于本标准，然而，鼓励根据本标准达成协议的各方研究是否可使用这些文件的最新版本。凡是不注日期的引用文件，其最新版本适用于本标准。

GB/T 4789.2　食品卫生微生物学检验 菌落总数测定

GB/T 4789.3　食品卫生微生物学检验 大肠菌群测定

GB/T 4789.4　食品卫生微生物学检验 沙门氏菌检验

GB/T 4789.5　食品卫生微生物学检验 志贺氏菌检验

GB/T 4789.10　食品卫生微生物学检验 金黄色葡萄球菌检验

GB/T 4789.15　食品卫生微生物学检验 霉菌和酵母计数

GB/T 5009.3　食品中水分的测定

GB/T 5009.4　食品中灰分的测定

GB/T 5009.11　食品中总砷及无机砷的测定

GB/T 5512　粮食、油料检验 粗脂肪测定法

3　术语和定义

下列术语和定义适用于本标准。

3.1

可可仁 cocoa nib

以可可豆为原料，经清理、筛选、焙炒、脱壳而制成的产品。

3.2

可可液块 cocoa mass

以可可仁为原料，经碱化（或不碱化）、研磨等工艺制成的产品。

3.3

可可饼块 cocoa cake

以可可仁或可可液块为原料，经机榨脱脂等工艺制成的产品。

4　产品分类

4.1　可可液块按碱化工艺分为天然可可饼块和碱化可可饼块。

4.2　可可饼块按可可脂含量分为高脂可可饼块、中脂可可饼块和低脂可可饼块。

5　技术要求

5.1　原料要求

可可仁：可可仁中的可可壳和胚芽含量，按非脂干物质计算

不应高于 5%，或按未碱化干物质计算不应高于 4.5%（指可可壳）。

5.2 感官要求

应符合表 1 的规定。

表 1

项目	要 求		
	可可液块	可可饼块	
		天然可可饼块	碱化可可饼块
色泽	呈棕红色到深棕红色	呈棕黄色至浅棕色	呈棕红色至棕黑色
气味	具有正常的可可香气，无霉味、焦味、哈败或其他异味。		

5.3 理化要求

应符合表 2 的规定。

表 2

项 目	指 标						
	可可液块	可可饼块					
		天然可可饼块			碱化可可饼块		
		高脂	中脂	低脂	高脂	中脂	低脂
可可脂（以干物质计）	≥52.0	≥20.0	14.0～20.0（不含20.0）	10.0～14.0（不含14.0）	≥20.0	14.0～20.0（不含20.0）	10.0～14.0（不含14.0）
水分及挥发物/（%）≤	2.0	5.0			5.0		
细度/（%）≥	98.0	—			—		
灰分（以干物质计）/（%）≤		8.0			10.09（轻碱化），12.0（重碱化）		
pH 值	—	5.0～5.8（含5.8）			5.0～6.8（含6.8）（轻碱化），>6.8（重碱化）		

ᵃ 通过孔径为 0.075mm（200 目/英寸）标准筛的百分率。

5.4 总砷和微生物学要求

应符合表3的规定。

表3

项　　目		指　　标
总砷/(mg/kg)	≤	1.0
菌落总数/(CFU/g)	≤	5 000
大肠菌群/(MPN/100g)	≤	30
酵母菌/(个/g)	≤	50
霉菌/(个/g)	≤	100
致病菌（沙门氏菌、志贺氏菌、金黄色葡萄球菌）		不得检出

6 试验方法

6.1 可可仁中可可壳和胚芽含量

6.1.1 仪器

a) 分析天平：感量±0.000 1g；

b) 天平：感量±0.1g；

c) 镊子钳：尖头；

d) 分样尺：有机玻璃制；

e) 分样板：玻璃制；

f) 金属罐：带有盖子的；

g) 分样筛：12目。

6.1.2 分析步骤

随机抽取200g具有代表性的样品，保存于金属罐中。用四分法分样，称取100g试样（精确到0.1g），放入分样筛中过筛，称取筛下物的质量。然后将筛网上的物质倒在分样板上，用镊子钳将可可壳和胚芽全部挑出，用分析天平称其质量。

6.1.3 结果计算

$$X = \frac{m_1 \times 0.25 + m_2}{m_0} \times 100 \tag{1}$$

式中：X——可可壳和胚芽含量，%；

　　　m_0——试样的质量，单位为克（g）；

　　　m_1——筛下物的质量，单位为克（g）；

　　　m_2——可可壳和胚芽的质量，单位为克（g）；

　0.25——筛下物中残留可可壳的常数。

6.2　感官

6.2.1　仪器

　　a）天平：感量±0.1g；

　　b）烧杯：200mL；

　　c）玻璃棒。

6.2.2　分析步骤

　　称取 50g 试样，加热至 50℃，用玻璃棒边搅拌边嗅气味，用肉眼观察熔化试样的色泽。

6.3　可可脂

6.3.1　索氏抽提法（仲裁法）

　　按 GB/T 5512 规定的方法测定。

6.3.2　折光指数法（快速法）

　　按附录 A 规定的方法测定。

6.4　水分及挥发物

　　按 GB/T 5009.3 规定的方法测定。

6.5　细度

6.5.1　试剂

　　石油醚：分析纯，沸程 60～90℃。

6.5.2　仪器

　　a）电热恒温干燥箱；

　　b）烧杯：500mL；

　　c）圆筒筛：铜或不锈钢制，内径 5cm，筛孔 0.075mm（200目/英寸）；

d）分析天平：感量±0.0001g；

e）干燥器；

f）玻璃棒。

6.5.3 分析步骤

称取10g试样（精确至0.0001g），置于已称量的圆筒筛中，加热成液体状，在通风柜内将圆筒筛一次放入4只盛有250mL石油醚的烧杯中，并使石油醚完全浸没样品，然后用玻璃棒轻轻搅拌，直至洗净为止。取出圆筒筛放入通风柜内，待溶剂挥发后，移入103℃±2℃的电热恒温干燥箱内，1h后取出，放入干燥器内冷却至室温，称量筛网上残留物质量，按实际水分和脂肪折算细度百分率。

6.5.4 分析步骤

$$X=\frac{(m_0-m_1)/(1-c_1-c_2)}{m_0}\times100 \tag{2}$$

式中：X——细度，%；

m_0——试样的质量，单位为克（g）；

m_1——筛网上残留物的质量，单位为克（g）；

c_1——试样的脂肪含量，%；

c_2——试样的水分含量，%。

6.5.5 允许差

同一试样两次测定值之差，不得超过平均值的0.5%。

6.6 灰分

按GB/T5009.4规定的方法测定。

6.7 pH值

6.7.1 试剂

a）邻苯二甲酸氢钾；

b）磷酸二氢钾；

c）无水磷酸氢二钠；

d）硼酸（分析纯）。

6.7.2　仪器

a）pH 计：量程范围 pH 1～14，嘴角分度值 0.01；

b）天平：感量±0.1g；

c）刻度烧杯：50mL、150mL

d）定性滤纸：ϕ15cm；

e）玻璃漏斗：内径 9cm。

6.7.3　标准缓冲溶液制备

a）pH＝4.01 标准缓冲溶液（20℃）：

准确称取经 115℃±5℃烘干 2～3h 的优级邻苯二甲酸氢钾 10.12g，溶于不含二氧化碳的蒸馏水中，稀释至 1 000mL 摇匀；

b）pH＝6.88 标准缓冲溶液（20℃）：

准确称取经 115℃±5℃烘干 2～3h 的磷酸二氢钾 3.31g 和无水磷酸氢二钠 3.53g，溶于蒸馏水中，稀释至 1 000mL 摇匀；

c）pH＝9.22 标准缓冲溶液（20℃）：

准确称取 3.80g 纯硼酸溶于不含二氧化碳的蒸馏水中，稀释至 1 000mL，摇匀。

6.7.4　分析步骤

称取 10g 试样，置于 150mL 烧杯中，加 90mL 煮沸蒸馏水，搅拌至悬浮液无结块，即倒入放有滤纸的漏斗内进行过滤，待滤纸冷却至室温，即用 pH 计测定其 pH 值。测定前先按 pH 说明书按测定需要选用 pH 标准缓冲液进行仪器校正。

6.7.5　允许差

同一试样两次 pH 测定值之差，不得超过 0.1。

6.8　总砷

按 GB/T 5009.11 规定的方法测定。

6.9　菌落总数

按 GB/T 4789.2 规定的方法检验。

6.10　大肠菌群

按 GB/T 4789.3 规定的方法检验。

6.11　酵母和霉菌

按 GB/T 4789.15 规定的方法检验。

6.12　致病菌

按 GB/T 4789.4、GB/T 4789.5、GB/T 4789.10 规定的方法检验。

7　检验规则

7.1　产品出厂前应由质量检验部门进行出厂检验，出厂检验的项目包括感官、理化、菌落总数、大肠菌群、酵母和霉菌。

7.2　每半年进行一次型式检验，型式检验的项目包括本标准中规定的全部项目。发生下列情况之一时应进行型式检验：

——更改原料时；

——更改工艺时；

——长期停产后恢复生产时；

——出厂检验结果与上次型式检验结果有较大差异时；

——国家质量监督机构提出进行型式检验的要求时。

7.3　以同一配方，同一批次的产品作为一个检验单位。

7.4　在成品库中随机抽取样品，抽样数量按式（3）计算：

$$A = \sqrt{\frac{B}{3}} \qquad (3)$$

式中：A——应取样品包数；

　　　B——待检产品总包数。

计算 A 时取整数，小数部分向上修约，抽样量应不少于 500g。

7.5　检验结果全部项目符合本标准规定时，判该批产品为合格品。

7.6 检验（含复验）结果中若有一项指标不符合本标准，则判该批产品为不合格品。

7.7 检验样品应妥善保存，以备复验，对检验结果有异议时，样品应送法定或双方同意仲裁机构仲裁。

8 标签

8.1 产品标签上应标示产品名称、产品类型（限于可可饼块）、净含量、制造者或经销者的名称和地址、生产日期（或包装日期）、保质期、产品标准号，其他参见《产品标识标注规定》。

附 录 A

（资料性附录）

可可脂含量的测定（折光指数法）

A.1 试剂

  a）α-溴代萘：化学纯；

  b）石英砂：化学纯；

  c）无水乙醇：分析纯。

A.2 仪器

  a）分析天平：感量±0.0001g；

  b）阿贝折光仪；

  c）超级恒温器；

  d）刻度吸管：5mL；

  e）玻璃研钵：7.5cm；

  f）定性滤纸：长5.3cm，宽4cm；

  g）脱脂棉。

A. 3　分析步骤

定性滤纸折叠成长 2.5cm、宽 1.2cm、高 1.4cm 的长方形槽，将脱脂棉球浸入无水乙醇中，用橡皮管将超恒温仪和阿贝折光仪的出水口连接好，用纯水校正好阿贝折光仪，将水温调准至 40℃。

称取 2g 样品（精确至 0.000 1g），准确吸取 3mL α-溴代萘置于洁净干燥的研钵中，小心研磨 3～5min，并加入 3g 石英砂研磨至浆糊状，用乙醇棉球清洗阿贝折光仪棱镜面，将混合液倒入折叠成长方槽形滤纸中，在棱镜面上过滤 2～3min，取出滤纸，关闭棱镜，待镜面温度稳定在 40℃ 时测定折光指数，样品的含脂量由 α-溴代萘折光指数与 α-溴代萘样品混合液的差，根据表 A.1 和表 A.2 查得，双试验允许差不大于±0.000 1 折光指数，取其平均值。

表 A. 1　折光指数差和含脂量查对表（40℃）

Δn	含脂/(%)	Δn	含脂/(%)	Δn	含脂/(%)	Δn	含脂/(%)
481	46.17	494	47.76	507	49.45	520	51.22
482	46.30	495	47.89	508	49.58	521	51.36
483	46.42	496	48.02	509	49.71	522	51.50
484	46.54	497	48.15	510	49.84	523	51.63
485	46.66	498	48.28	511	49.97	524	51.76
486	46.78	499	48.41	512	50.10	525	51.89
487	46.90	500	48.54	513	50.24	526	52.02
488	47.02	501	48.67	514	50.38	527	52.15
489	47.14	502	48.80	515	50.52	528	52.28
490	47.26	503	48.93	516	50.66	529	52.41
491	47.38	504	49.06	517	50.80	530	52.54
492	47.50	505	49.19	518	50.94	531	52.67
493	47.63	506	49.32	519	51.08	532	52.80

（续）

Δn	含脂/(%)	Δn	含脂/(%)	Δn	含脂/(%)	Δn	含脂/(%)
533	52.94	545	54.62	557	56.30	569	57.98
534	53.08	546	54.76	558	56.44	570	58.12
535	53.22	547	54.90	559	56.58	571	58.26
536	53.36	548	55.04	560	56.72	572	58.40
537	53.50	549	55.18	561	56.86	573	58.54
538	53.64	550	55.32	562	57.00	574	58.68
539	53.78	551	55.46	563	57.14	575	58.82
540	53.92	552	55.60	564	57.28	576	58.96
541	54.06	553	55.74	565	57.42	577	59.10
542	54.20	554	55.88	566	57.56	578	59.21
543	54.34	555	56.02	567	57.70	579	59.38
544	54.48	556	56.16	568	57.84	580	59.52

表 A.2   折光指数差和含脂量查对表（40℃）

Δn	含脂/(%)	Δn	含脂/(%)	Δn	含脂/(%)	Δn	含脂/(%)
121	9.40	135	10.52	149	11.74	163	12.93
122	9.48	136	10.60	150	11.82	164	13.02
123	9.56	137	10.69	151	11.90	165	13.11
124	9.64	138	10.78	152	11.98	166	13.20
125	9.72	139	10.87	153	12.06	167	13.28
126	9.80	140	10.96	154	12.14	168	13.36
127	9.88	141	11.05	155	12.22	169	13.44
128	9.96	142	11.14	156	12.30	170	13.52
129	10.04	143	11.23	157	12.39	171	13.60
130	10.12	144	11.32	158	12.48	172	13.68
131	10.20	145	11.41	159	12.57	173	13.76
132	10.28	146	11.50	160	12.66	174	13.84
133	10.36	147	11.58	161	12.75	175	13.92
134	10.44	148	11.66	162	12.84	176	14.00

（续）

Δn	含脂/（%）	Δn	含脂/（%）	Δn	含脂/（%）	Δn	含脂/（%）
177	14.09	207	16.69	237	19.40	267	22.20
178	14.18	208	16.78	238	19.50	268	22.30
179	14.27	209	16.87	239	19.60	269	22.40
180	14.36	210	16.96	240	19.70	270	22.50
181	14.45	211	17.05	241	19.80	271	22.60
182	14.54	212	17.14	242	19.90	272	22.70
183	14.63	213	17.23	243	20.00	273	22.80
184	14.72	214	17.32	244	20.10	274	22.90
185	14.81	215	17.41	245	20.20	275	23.00
186	14.90	216	17.50	246	20.30	276	23.10
187	14.98	217	17.59	247	20.39	277	23.20
188	15.06	218	17.68	248	20.48	278	23.30
189	15.14	219	17.77	249	20.57	279	23.40
190	15.22	220	17.86	250	20.66	280	23.50
191	15.30	221	17.95	251	20.75	281	23.60
192	15.38	222	18.04	252	20.84	282	23.70
193	15.46	223	18.13	253	20.93	283	23.80
194	15.54	224	18.22	254	21.02	284	23.90
195	15.62	225	18.31	255	21.11	285	24.00
196	15.70	226	18.40	256	21.20	286	24.10
197	15.79	227	18.49	257	21.29	287	24.20
198	15.88	228	18.59	258	21.38	288	24.30
199	15.97	229	18.67	259	21.47	289	24.40
200	16.06	230	18.76	260	21.56	290	24.50
201	16.15	231	18.85	261	21.65	291	24.60
202	16.24	232	18.94	262	21.74	292	24.70
203	16.33	233	19.03	263	21.83	293	24.80
204	16.42	234	19.12	264	21.92	294	24.90
205	16.51	235	19.21	265	22.01	295	25.00
206	16.60	236	19.30	266	22.10	296	25.10

（续）

Δn	含脂/（%）	Δn	含脂/（%）	Δn	含脂/（%）	Δn	含脂/（%）
297	25.20	303	25.80	309	26.40	315	27.00
298	25.30	304	25.90	310	26.50	316	27.10
299	25.40	305	26.00	311	26.60	317	27.20
300	25.50	306	26.10	312	26.70	318	27.30
301	25.60	307	26.20	313	26.80	319	27.40
302	25.70	308	26.30	314	26.90	320	27.50

说明：

本标准由中国商业联合会提出并归口。

本标准起草单位：中国商业联合会商业标准中心、中国焙烤食品糖制品工业协会可可专业委员会、中国食品发酵工业研究院、中国茶叶股份有限公司、上海大明可可制品有限公司、上海天工可可食品有限公司、上海丰原可可食品有限公司、上海天坛国际贸易有限公司、上海申丰食品有限公司、上海加纳可可食品有限公司、无锡华东可可食品有限公司、上海金丝猴集团无锡可可制品有限公司、绍兴启利兴光可可制品有限公司、爱芬食品（北京）有限公司。

本标准主要起草人：陈岩、赵燕萍、季明、冯荣华、张惠忠、樊永清、余诗庆、陶峻骏、钱晨昀、徐长庚、施钰平、徐春利、钱春英、董虹。

2006 年 12 月 7 日由中华人民共和国国家质量监督检验检疫总局中国国家标准化管理委员会发布，2007 年 6 月 1 日起实施。

GB/T 20706—2006

可 可 粉
Cocoa power

1 范围

本标准规定了可可粉的产品分类、技术要求、试验方法、检验规则和标签要求。

本标准适用于可可粉的生产、销售和监督。

2 规范性引用文件

下列文件中的条款通过本标准的引用而成为本标准的条款。凡是注日期的引用文件，其随后所有的修改单（不包括勘误的内容）或修订版均不适用于本标准，然而，鼓励根据本标准达成协议的各方研究是否可使用这些文件的最新版本。凡是不注日期的引用文件，其最新版本适用于本标准。

GB/T 4789.2 食品卫生微生物学检验 菌落总数测定

GB/T 4789.3 食品卫生微生物学检验 大肠菌群测定

GB/T 4789.4 食品卫生微生物学检验 沙门氏菌检验

GB/T 4789.5 食品卫生微生物学检验 志贺氏菌检验

GB/T 4789.10 食品卫生微生物学检验 金黄色葡萄球菌检验

GB/T 4789.15 食品卫生微生物学检验 霉菌和酵母计数

GB/T 5009.3 食品中水分的测定

GB/T 5009.4 食品中灰分的测定

GB/T 5009.11 食品中总砷及无机砷的测定

GB/T 5512 粮食、油料检验 粗脂肪测定法

GB/T 20705 可可液块及可可饼块

3 术语和定义

GB/T 20705 确立的以及下列术语和定义适用于本标准。

3.1

可可粉 cocoa powder

可可饼块经粉化制成的产品。

4 产品分类

4.1 产品按碱化工艺分为天然可可粉和碱化可可粉。

4.2 产品按可可脂含量分为高脂可可粉、中脂可可粉和低脂可可粉。

5 技术要求

5.1 原料要求

可可饼块应符合 GB/T 20705 的规定。

5.2 感官要求

应符合表 1 的规定。

表 1

项目	指标	
	天然可可粉	碱化可可粉
色泽	呈棕黄色至浅棕色	呈棕红色至棕黑色
汤色	呈淡棕红色	呈棕红色至棕黑色
气味	具有正常可可香气，无烟焦味、霉味或其他异味	

5.3 理化要求

应符合表 2 的规定。

表 2

项 目	指 标					
	天然可可粉			碱化可可粉		
	高脂	中脂	低脂	高脂	中脂	低脂
可可脂（以干物质计）	≥20.0	14.0~20.0（不含20.0）	10.0~14.0（不含14.0）	≥20.0	14.0~20.0（不含20.0）	10.0~14.0（不含14.0）
水分/(%) ≤	5.0			5.0		
灰分（以干物质计)/(%) ≤	8.0			10.0（轻碱化），12.0（重碱化）		
细度/(%) ≥	99.0			99.0		
pH 值	5.0~5.8（含5.8)			5.0~6.8（含6.8)（轻碱化），>6.8（重碱化）		

ᵃ 通过孔径为 0.075mm（200目/英寸）标准筛的百分率。

5.4 总砷和微生物学要求

应符合表 3 的规定。

表 3

项 目	指 标
总砷（以 As 计)/(mg/kg) ≤	1.0
菌落总数/(CFU/g) ≤	5 000
大肠菌群/(MPN/100g) ≤	30
酵母菌/(个/g) ≤	50
霉菌/(个/g) ≤	100
致病菌（沙门氏菌、志贺氏菌、金黄色葡萄球菌）	不得检出

6 试验方法

6.1 试样的制备

6.1.1　取样用具

　　a）灭菌不锈钢匙；

　　b）灭菌磨砂广口瓶：500mL；

　　c）灭菌塑料袋：长 31cm，宽 22cm；

　　d）灭菌刀或剪刀；

　　e）70％～75％乙醇棉球。

6.1.2　取样数量

　　随机抽取样品，抽样数量按式（1）计算：

$$A=\sqrt{\frac{B}{3}} \tag{1}$$

　　式中：A——应取样品包数；

　　　　　B——待检产品总包数。

　　计算 A 时取整数，小数部分向上修约，抽样量应不少于 500g。

6.1.3　分析步骤

　　用剪刀拆开样包的缝线，烫口，用不锈钢匙逐包扦取样品于磨砂广口瓶和塑料袋中，紧闭瓶盖和塑料袋口。将塑料袋中样品充分混匀，分为两份，一份做理化检验，一份作保质期留样，磨口瓶中样品送无菌试验室做微生物检验。将样品贴上标签，标明品名、规格、批号、数量、生产日期。

　　微生物检验应有专用冰箱存取样品。一般阳性样品，发出报告 3d 后（特殊情况可适当延长），方能处理样品；进口阳性样品，需保存 6 个月，方能处理，阴性样品可及时处理。

　　扦取人员应穿戴洁净工作服、帽和口罩，扦取前用 70％～75％乙醇棉球擦洗双手及用具。

6.2　粉色

6.2.1　仪器

　　a）天平：感量±0.1g；

　　b）白色有机玻璃：2 块，规格为 10cm×10cm×0.4cm。

6.2.2 分析步骤

称取 2g 试样，均匀放置在一块有机玻璃的中央处，盖上另一块有机玻璃，用力压紧置于工作台上，用肉眼观察试样的色泽，并作出色泽判断记录。

6.3 汤色及气味

6.3.1 仪器

    a）天平：感量±0.1g；

    b）铝盒：ϕ5.8cm，高 2.5cm；

    c）高型刻度烧杯：200mL；

    d）玻璃棒；

    e）玻璃皿：ϕ8cm。

6.3.2 分析步骤

称取 8g 试样，15g 白砂糖或绵白糖，置于高型刻度烧杯中，先把少量蒸馏水加热至 70℃，缓缓倒入杯中，用玻璃棒搅至糊状，再用热蒸馏水冲至 200mL，使之混合呈冲泡液，盖上玻璃皿 2～3min，然后打开玻璃皿，依次审评气味和汤色，并作出判断记录。

6.4 可可脂

6.4.1 索氏抽提法（仲裁法）

按 GB/T 5512 规定的方法测定。

6.4.2 折光指数法（快速法）

按附录 A 规定的方法测定。

6.5 水分

按 GB/T 5009.3 规定的方法测定。

6.6 灰分

按 GB/T 5009.4 规定的方法测定。

6.7 细度

6.7.1 试剂

石油醚：分析纯，沸程 60～90℃。

6.7.2 仪器

 a）电热恒温干燥箱；

 b）烧杯：500mL；

 c）标准筛：ϕ50mm，高 50mm，筛孔 0.075mm（200 目/英寸）；

 d）分析天平：感量±0.000 1g；

 e）干燥器；

 f）玻璃棒。

6.7.3 分析步骤

 称取 10g 试样（精确至 0.000 1g），置于已称量的标准筛中，在通风柜内将标准筛依次放入 4 只盛有 250mL 石油醚的烧杯中，并使石油醚完全浸没样品，然后用玻璃棒轻轻搅拌，直至洗净为止。取出标准筛放入通风柜内，待溶剂挥发后，移入 103℃±2℃ 的电热恒温干燥箱内，1h 后取出，放入干燥器内冷却至室温，称量筛网上残留物质量，按实际水分和脂肪折算细度百分率。

6.7.4 结果计算

$$X=\frac{(m_0-m_1)\ /(1-c_1-c_2)}{m_0}\times100 \tag{2}$$

式中：X——细度，％；

 m_0——试样的质量，单位为克（g）；

 m_1——筛网上残留物的质量，单位为克（g）；

 c_1——试样的脂肪含量，％；

 c_2——试样的水分含量，％。

6.7.5 允许差

 同一试样两次测定值之差，不得超过平均值的 0.5％。

6.8 pH 值

6.8.1 试剂

 a）邻苯二甲酸氢钾；

b）磷酸二氢钾；

　　c）无水磷酸氢二钠；

　　d）硼酸（分析纯）。

6.8.2　仪器

　　a）pH计：量程范围pH 1～14，最小分度值0.01；

　　b）天平：感量±0.1g；

　　c）刻度烧杯：50mL、150mL；

　　d）定性滤纸：ϕ15cm；

　　e）玻璃漏斗：内径9cm。

6.8.3　标准缓冲溶液制备

　　a）pH＝4.01标准缓冲溶液（20℃）：

　　准确称取经115℃±5℃烘干2～3h的优级邻苯二甲酸氢钾10.12g，溶于不含二氧化碳的蒸馏水中，稀释至1 000mL摇匀；

　　b）pH＝6.88标准缓冲溶液（20℃）：

　　准确称取经115℃±5℃烘干2～3h的磷酸二氢钾3.31g和无水磷酸氢二钠3.53g，溶于蒸馏水中，稀释至1 000mL摇匀；

　　c）pH＝9.22标准缓冲溶液（20℃）：

　　准确称取3.80g纯硼酸溶于不含二氧化碳的蒸馏水中，稀释至1 000mL，摇匀。

6.8.4　分析步骤

　　称取10g试样，置于150mL烧杯中，加90mL煮沸蒸馏水，搅拌至悬浮液无结块，即倒入放有滤纸的漏斗内进行过滤，待滤纸冷却至室温，即用pH计测定其pH值。测定前先按pH说明书按测定需要选用pH标准缓冲液进行仪器校正。

6.8.5　允许差

　　同一试样两次pH测定值之差，不得超过0.1。

6.9　总砷

　　按GB/T 5009.11规定的方法测定。

6.10 菌落总数

按 GB/T 4789.2 规定的方法检验。

6.11 大肠菌群

按 GB/T 4789.3 规定的方法检验。

6.12 酵母和霉菌

按 GB/T 4789.15 规定的方法检验。

6.13 致病菌

按 GB/T 4789.4、GB/T 4789.5、GB/T 4789.10 规定的方法检验。

7 检验规则

7.1 产品出厂前应由质量检验部门进行出厂检验，出厂检验的项目包括感官、理化、菌落总数、大肠菌群、酵母和霉菌。

7.2 每半年进行一次型式检验，型式检验的项目包括本标准中规定的全部项目。发生下列情况之一时应进行型式检验：

——更改原料时；

——更改工艺时；

——长期停产后恢复生产时；

——出厂检验结果与上次型式检验结果有较大差异时；

——国家质量监督机构提出进行型式检验的要求时。

7.3 以同一配方，同一批次的产品作为一个检验单位。

7.4 检验结果全部项目符合本标准规定时，判该批产品为合格品。

7.5 检验（含复验）结果中若有一项指标不符合本标准，则判该批产品为不合格品。全部项目符合本标准规定时，判该批产品为合格品。

7.6 检验样品应妥善保存，以备复验，对检验结果有异议时，样品应送法定或双方同意的仲裁机构复验仲裁。

8 标签

产品标签上应标示产品名称、产品类型、净含量、制造者或经销者的名称和地址、生产日期（或包装日期）、保质期、产品标准号，其他参见《产品标识标注规定》。

附 录 A

（资料性附录）

可可脂含量的测定（折光指数法）

A.1 试剂

a）α-溴代萘：化学纯；

b）石英砂：化学纯；

c）无水乙醇：分析纯。

A.2 仪器

a）分析天平：感量±0.0001g；

b）阿贝折光仪；

c）超级恒温器；

d）刻度吸管：5mL；

e）玻璃研钵：7.5cm；

f）定性滤纸：长5.3cm，宽4cm；

g）脱脂棉。

A.3 分析步骤

定性滤纸折叠成长2.5cm、宽1.2cm、高1.4cm的长方形槽，将脱脂棉球浸入无水乙醇中，用橡皮管将超恒温仪和阿贝折光仪的出水口连接好，用纯水校正好阿贝折光仪，将水温调准至 40℃。

称取 2g 样品（精确至 0.000 1g），准确吸取 3mL α-溴代萘置于洁净干燥的研钵中，小心研磨 3～5min，并加入 3g 石英砂研磨至浆糊状，用乙醇棉球清洗阿贝折光仪棱镜面，将混合液倒入折叠成长方槽形滤纸中，在棱镜面上过滤 2～3min，取出滤纸，关闭棱镜，待镜面温度稳定在 40℃ 时测定折光指数，样品的含脂量由 α-溴代萘折光指数与 α-溴代萘样品混合液的差，根据表 A.1 和表 A.2 查得，双试验允许差不大于±0.000 1 折光指数，取其平均值。

表 A.1 折光指数差和含脂量查对表（40℃）

Δn	含脂/(%)	Δn	含脂/(%)	Δn	含脂/(%)	Δn	含脂/(%)
121	9.40	140	10.96	159	12.57	178	14.18
122	9.48	141	11.05	160	12.66	179	14.27
123	9.56	142	11.14	161	12.75	180	14.36
124	9.64	143	11.23	162	12.84	181	14.45
125	9.72	144	11.32	163	12.93	182	14.54
126	9.80	145	11.41	164	13.02	183	14.63
127	9.88	146	11.50	165	13.11	184	14.72
128	9.96	147	11.58	166	13.20	185	14.81
129	10.04	148	11.66	167	13.28	186	14.90
130	10.12	149	11.74	168	13.36	187	14.98
131	10.20	150	11.82	169	13.44	188	15.06
132	10.28	151	11.90	170	13.52	189	15.14
133	10.36	152	11.98	171	13.60	190	15.22
134	10.44	153	12.06	172	13.68	191	15.30
135	10.52	154	12.14	173	13.76	192	15.38
136	10.60	155	12.22	174	13.84	193	15.46
137	10.69	156	12.30	175	13.92	194	15.54
138	10.78	157	12.39	176	14.00	195	15.62
139	10.87	158	12.48	177	14.09	196	15.70

（续）

Δn	含脂/(%)	Δn	含脂/(%)	Δn	含脂/(%)	Δn	含脂/(%)
197	15.79	228	18.59	259	21.47	290	24.50
198	15.88	229	18.67	260	21.56	291	24.60
199	15.97	230	18.76	261	21.65	292	24.70
200	16.06	231	18.85	262	21.74	293	24.80
201	16.15	232	18.94	263	21.83	294	24.90
202	16.24	233	19.03	264	21.92	295	25.00
203	16.33	234	19.12	265	22.01	296	25.10
204	16.42	235	19.21	266	22.10	297	25.20
205	16.51	236	19.30	267	22.20	298	25.30
206	16.60	237	19.40	268	22.30	299	25.40
207	16.69	238	19.50	269	22.40	300	25.50
208	16.78	239	19.60	270	22.50	301	25.60
209	16.87	240	19.70	271	22.60	302	25.70
210	16.96	241	19.80	272	22.70	303	25.80
211	17.05	242	19.90	273	22.80	304	25.90
212	17.14	243	20.00	274	22.90	305	26.00
213	17.23	244	20.10	275	23.00	306	26.10
214	17.32	245	20.20	276	23.10	307	26.20
215	17.41	246	20.30	277	23.20	308	26.30
216	17.50	247	20.39	278	23.30	309	26.40
217	17.59	248	20.48	279	23.40	310	26.50
218	17.68	249	20.57	280	23.50	311	26.60
219	17.77	250	20.66	281	23.60	312	26.70
220	17.86	251	20.75	282	23.70	313	26.80
221	17.95	252	20.84	283	23.80	314	26.90
222	18.04	253	20.93	284	23.90	315	27.00
223	18.13	254	21.02	285	24.00	316	27.10
224	18.22	255	21.11	286	24.10	317	27.20
225	18.31	256	21.20	287	24.20	318	27.30
226	18.40	257	21.29	288	24.30	319	27.40
227	18.49	258	21.38	289	24.40	320	27.50

说明：

本标准是在 SB/T 10209—1994《可可粉》实施多年的基础上，参考了国际食品法典委员会制定的 Codex Stan 105—1981，Rev. 1—2001《可可粉（可可）和可可与汤干混物标准标准》[Standard for Cocoa Powders（Cocoa-sugar Mixtures）] 的有关内容，并结合我国可可粉生产现状制定的。

本标准由中国商业联合会提出并归口。

本标准起草单位：中国商业联合会商业标准中心、中国焙烤食品糖制品工业协会可可专业委员会、中国食品发酵工业研究院、中国茶叶股份有限公司、上海大明可可制品有限公司、上海天工可可食品有限公司、上海丰源可可食品有限公司、上海天坛国际贸易有限公司、上海申丰食品有限公司、上海加纳可可食品有限公司、无锡华东可可食品有限公司、上海金丝猴集团无锡可可制品有限公司、绍兴启利兴光可可制品有限公司、爱芬食品（北京）有限公司。

本标准主要起草人：陈岩、赵燕萍、郭卫平、冯荣华、张惠忠、樊永清、王路、陶峻骏、钱晨昀、徐长庚、施钰平、徐春利、钱春英、董虹。

2006 年 12 月 7 日由中华人民共和国国家质量监督检验检疫总局中国国家标准化管理委员会发布，2007 年 6 月 1 日起实施。

附录八

GB/T 20707—2006

可 可 脂
Cocoa butter

1 范围

本标准规定了可可脂的技术要求、试验方法、检验规则和标签要求。

本标准适用于可可脂（不包括脱臭可可脂）的生产、销售和监督。

2 规范性引用文件

下列文件中的条款通过本标准的引用而成为本标准的条款。凡是注日期的引用文件，其随后所有的修改单（不包括勘误的内容）或修订版均不适用于本标准，然而，鼓励根据本标准达成协议的各方研究是否可使用这些文件的最新版本。凡是不注日期的引用文件，其最新版本适用于本标准。

GB/T 5009.11 食品中总砷及无机砷的测定

GB/T 5525—1985 植物油脂检验 透明度、色泽、气味、滋味鉴定法

GB/T 5527　植物油脂检验　折光指数测定法

GB/T 5528　植物油脂水分及挥发物含量测定法

GB/T 5530　动植物油脂　酸值和酸度的测定

GB/T 5532—1995　植物油碘价测定

GB/T 5534　动植物油脂　皂化值的测定

GB/T 5535.1　动植物油脂　不皂化物测定　第1部分：乙醇提取法（第一方法）

GB/T 5535.2　动植物油脂　不皂化物测定　第2部分：已烷提取快速法

GB/T 5536　植物油脂检验　熔点测定法

GB 7718　预包装食品标签通则

3　术语和定义

下列术语和定义适用于本标准。

3.1

可可脂 cocoa butter

以纯可可豆为原料，经清理、筛选、焙炒、脱壳、磨浆、机榨等工艺制成的产品。

4　技术要求

4.1　感官要求

应符合表1的规定。

表1

项　目	指　　标
色泽	熔化后的色泽呈明亮的柠檬黄至淡金黄色
透明度	澄清透明至微浊
气味	熔化后具有正常的可可香气，无霉味、焦味、哈败味或其他异味

4.2 理化要求

应符合表 2 的规定。

表 2

项 目		指 标
色价/($K_2Cr_2O_7/H_2SO_4$)/(g/100mL)	≤	0.15
折光指数/(n_D^{40})		1.456 0~1.459 0
水分及挥发物/(%)	≤	0.20
游离脂肪酸（以油酸计）/(%)	≤	1.75
碘价（以碘计）/(g/100g)		33~42
皂化价（以 KOH 计）/(mg/g)		188~198
不皂化物/(%)	≤	0.35
滑动熔点/(℃)		30~34

4.3 总砷要求

应符合表 3 的规定。

表 3

项 目		指 标
总砷（以 As 计）/(mg/kg)	≤	1.0

5 试验方法

5.1 感官

5.1.1 仪器

a）天平：感量±0.1g；

b）比色管：50mL，直径 25mm；

c）乳白灯泡；

d）电热恒温培养箱；

e）烧杯：200mL；

f）玻璃棒。

5.1.2 分析步骤

5.1.2.1 气味

称取 50g 试样，加热至 50℃恒温培养箱中，用玻璃棒边搅拌边嗅气味，具有可可脂特有香气且无异味的为合格，不合格的应注明异味情况。

5.1.2.2 透明度、色泽

趁热量取称取 50mL 上述试样，注入比色管中，放置 50℃恒温培养箱中 24h，然后移至乳白灯泡前（或在比色管后衬白纸），观察其透明度和色泽，记录观察结果。

透明度结果以"透明"、"微浊"、"浑浊"表示。

5.2 色价

按 GB/T 5525—1985 中重铬酸钾溶液比色法的方法测定。

5.3 折光指数

按 GB/T 5527 规定的方法测定。

5.4 水分及挥发物

按 GB/T 5528 规定的方法测定。

5.5 游离脂肪酸

按 GB/T 5530 规定的方法测定，其中结果计算按式（1）：

$$Y = \frac{X}{1.99} \times 100 \tag{1}$$

式中：Y——游离脂肪酸（以油酸计），％；

$\qquad X$——酸价；

1.99——游离脂肪酸的换算系数。

5.6 碘价

按 GB/T 5532（仲裁法）或附录 A 规定的方法测定。

5.7 皂化价

按 GB/T 5534 规定的方法测定。

5.8 不皂化物

按 GB/T 5535.1 或 GB/T 5535.2 规定的方法测定。

5.9 滑动熔点

将样品熔化后不但搅拌，让潜热散发，冷却至 20℃ 左右，插入熔点毛细管，吸取样品达 10mm 高度，放置 4～10℃ 冰箱中 12h 以上，然后按 GB/T 5536 规定的方法测定。其中测定结果中，试样在熔化前发生软化状态，继续加热至试样上升时，立刻读取当时的温度，即为其滑动熔点。

5.10 总砷

按 GB/T 5009.11 规定的方法测定。

6 检验规则

6.1 产品出厂前应由质量检验部门进行出厂检验，出厂检验的项目包括感官和理化指标，但不皂化物指标除外。

6.2 每半年进行一次型式检验，型式检验的项目包括标准中规定的全部项目。发生下列情况之一时亦应进行型式检验：

　　——更改原料时；

　　——更改工艺时；

　　——长期停产后恢复生产时；

　　——出厂检验结果与上次型式检验结果有较大差异时；

　　——国家质量监督机构提出进行型式检验的要求时。

6.3 以同一配方，同一批次的产品作为一个检验单位。

6.4 在成品库中随机抽取样品，抽样数量按式（2）计算：

$$A=\sqrt{\frac{B}{3}} \qquad （2）$$

式中：A——应取样品包数；

　　　B——待检产品总包数。

　　计算 A 时取整数，小数部分向上修约，抽样量应不少于 500g。

6.5 检验结果全部项目符合本标准规定时，判该批产品为合格品。

6.6 检验（含复验）结果中若有一项指标不符合本标准，则判该批产品为不合格品。

6.7 检验样品应妥善保存，以备复验，对检验结果有异议时，样品应送法定或双方同意仲裁机构复验仲裁。

7 标签

产品标签上应标示产品名称、净含量、制造者或经销者的名称和地址、生产日期（或包装日期）、保质期、产品标准号，其他参见《产品标识标注规定》。

附 录 A

（资料性附录）

碘价的测定

A.1 试剂

a）溴代碘醋酸溶液（汉式溶液）：将 13.2g 纯碘溶于 1 000mL 冰乙酸中（该冰乙酸应与重铬酸盐和硫酸无还原作用），冷却至 25℃，取出 20mL，用 0.1mol/L 硫代硫酸钠标准溶液测得其含量，按 126.91g 碘相当于 79.92g 溴，并按溴的密度约 3.1g/mL 计算溴的加入量，加入溴后，再用 0.1mol/L 硫代硫酸钠标准溶液滴定，并按照溴的加入量，使加溴后的滴定毫升数刚好为加溴前的 2 倍；

b）150g/L 碘化钾溶液；

c）10g/L 淀粉溶液；

d）0.1mol/L 硫代硫酸钠标准溶液。

A.2　仪器

同 GB 5532—1985 中"仪器和用具"。

A.3　分析步骤

操作方法和结果计算，按 GB 5532 的规定，其中汉式溶液代替韦氏溶液。

说明：

本标准是在 SB/T 10210—1994《可可脂》实施多年的基础上，参考了国际食品法典委员会制定的 Codex Stan 86—1984，Rev. 1—2001《可可脂标准》（Standard for Cocoa Butters）的有关内容，并结合我国可可脂生产现状制定的。

本标准由中国商业联合会提出并归口。

本标准起草单位：中国商业联合会商业标准中心、中国焙烤食品糖制品工业协会可可专业委员会、中国食品发酵工业研究院、中国茶叶股份有限公司、上海大明可可制品有限公司、上海天工可可食品有限公司、上海丰原可可食品有限公司、上海天坛国际贸易有限公司、上海申丰食品有限公司、上海加纳可可食品有限公司、无锡华东可可食品有限公司、上海金丝猴集团无锡可可制品有限公司、绍兴启利兴光可可制品有限公司、爱芬食品（北京）有限公司。

本标准主要起草人：陈岩、赵燕萍、郭卫平、冯荣华、张惠忠、朱华晋、余诗庆、陶峻骏、钱晨昀、徐长庚、施钰平、徐春利、钱春英、董虹。

2006 年 12 月 7 日由中华人民共和国国家质量监督检验检疫总局中国国家标准化管理委员会发布，2007 年 6 月 1 日起实施。

参考文献

房一明，谷风林，初众，等．2012.发酵方式对海南可可豆特性和风味的影响分析．热带农业科学，32（2）：71‐75.

华南热作研究院兴隆试验站．1981.可可引种试种研究．热带作物研究（6）：36‐48.

黄碧兰．2004.可可再生体系的建立及遗传转化的初步研究．儋州：华南热带农业大学．

黄碧兰，庄南生，赵建平，等．2005.可可体细胞胚胎发生及植株再生体系的构建．热带作物学报，26（4）：15‐19.

李付鹏，王华，伍宝朵，等．2013.可可果实主要农艺性状及产量因素的通经分析．热带作物学报，35（3）：448‐455.

秦晓威，郝朝运，吴刚，等．2014.可可种质资源多样性与创新利用研究进展．热带作物学报，35（1）：188‐194.

宋应辉，吴小炜．1997.海南可可的发展前景及对策．热带作物科技（2）：22‐25.

宋应辉，林丽云．1998.椰园间作可可试验初报．热带作物科技（3）：36‐39，20.

吴桂苹，魏来，房一明，等．2010.可可膳食纤维的制备工艺及物理特性研究．热带农业科学，30（12）：30‐33.

张华昌，谭乐和．1996.鲜可可果汁饮料的研制和效益评估．热带作物研究（1）：19‐21.

张华昌，谭乐和．1997.鲜可可果汁饮料开发与利用研究初报．热带作物研究（3）：22‐25.

参 考 文 献

赵青云，王华，王辉，等．2013．施用生物有机肥对可可苗期生长及土壤酶活性的影响．热带作物学报，34（6）：1024-1028．

赵溪竹，朱自慧，王华，等．2012．世界可可生产贸易现状．热带农业科学，32（9）：76-81．

中国热带农业科学院，华南热带农业大学．1998．中国热带作物栽培学．北京：中国农业出版社．

朱自慧．2003．世界可可业概况与发展海南可可业的建议．热带农业科学，23（3）：28-33．

邹冬梅．2003．海南省可可生产的现状、问题与建议．广西热带农业（1）：38-42．

Adamafio N A，Dosoo D K，Aggrey E C，et al．2003．Effect of corn stalk ash extract on oxalate and tannin levels in crop residues．Proceedings of the 13th Faculty of Science Colloquium，University of Ghana．

Atuahene C C，Adams C，Adomako D．1985．Cocoa pod husk in diets of broiler chickens．Proceedings of the 9th International Cocoa Research Conference，Lome：495-500．

Bartley B G D．2005．The genetic diversity of cacao and its utilization．U K，Wallingford：CABI Publishing：50-55．

Bergman J．1969．The distribution of cacao cultivation in pre-colombian America．Annals of the Association of America Geographers，59：85-96．

Cheesman E E．1944．Notes on the nomenclature，classification and possible relationship of cocoa populations．Tropical Agriculture，21：144-159．

Coe S D，Coe M D．1996．The true history of chocolate．London：Thames & Hudson：130-131．

Cuatrecasas J．1964．Cacao and its allies：a taxonomic revision of the genus Theobroma．Conntributions from the United States Herbarium，35：379-614．

Dias L A S（ed．）．2004．Genetic improvement of cacao．http：//ecoport．org/．

Donkoh A，Atuahene C C，Wilson B N，et al．1991．Chemical composition of cocoa pod husk and its effects on growth and food efficiency in broiler chicks. Anim Feed Sci Technol，35：161－169.

Figueira A，Janick J，BeMiller J N. 1993. New products from *Theobroma cacao*：seed pulp and pod gum. //Janick J，Simon JE，ed. New crops. New York：Wiley：475－828.

Gnanaratnam J K. 1964. Rooting cocoa cuttings：a new technique. World Crops，16（6）.

Gyedu E，Oppong H. 2003. Cocoa pulp juice（sweatings）and its potential for soft drink，jam and marmalade production. International Workshop on Cocoa By－products in Ghana：37－40.

Hunter H，Leake H M. 1933. Recent advances in agricultural plant breeding. London：Philadelphia，Blakistons'son & co inc：338－342.

J Janick，JN BeMiller. 2010. New products from *Theobroma cacao*：seed pulp and pod gum. //J Janick，JE Simon，ed. New crops. New York：Wiley：475－478.

Lopez－Baez O，Boron H，Eskes A B，et al. 1993. Embryogenese somatique de cacaoyer *Theobroma cacao* L.，a partir de pies florales. CR Acad Scm Paris，316：579－584.

Monteiro W R，Lopez U V，Clement D. 2009. Genetic improvement in cocoa. //Jain S M，Priyadarshan D，ed. Breeding Plantation Tree Crops：Tropical Species. Springer Science，Business Media：589－626.

Motamayor J C，Lopez P A，Ortiz C，et al. 1998. Sampling the genetic diversity of Criollo cacao in Central and South Ameriea. INGENIC Newsletter，4：14－15.

Motamayor J C，Lanaud C. 2002. Molecular analysis of the origin and domestication of *Theobroma cacao* L. //Engels J M M，Ramanatha R V，Brown A H D，ed. Managing Plant Genetic Diversity：77－87.

Motamayor J C，Lachenaud P，da Silva e Mota J W，et al. 2008. Geographic and genetic population differentiation of the Amazonian chocolate tree （*Theobroma cacao* L.）. PLoS O NE，3（10）：e3311，1－8.

Nava J N. 1953. Cacao, café y té. Barcelona, Salvat: 136 - 166.

Paulin D, Eskes A B. 1995. Le cacaoyer stratégies de selection. Plantations Recherche Development, 2: 5 - 8.

Purseglove J W. 1968. *Theobroma cacao* L. //Purseglove J W, ed. Tropical crops. London: John Wiley and Sons Inc: 571 - 599.

Sánchez P A, Jaffé K. 1992. Rutas de migraciones humanas precolombinas a la amazonia sugeridas por la distribucion del cacao. Interciencia, 17: 28 -34.

Selamat J, Yosof S, Jimbuh M, et al. 1994. Development of juice from cocoa pulp. Proceedings of the 2nd Malaysian International Cocoa Confe-rence: 351 - 357.

Vavilov N I. 1951. The origin, variation, immunity and breeding of cultivated plants: phytogeographie basis of plant breeding. Chronica Botanica, 13: 13 -54.

图书在版编目（CIP）数据

可可栽培与加工技术 / 赖剑雄主编 . —北京：中国农业出版社，2014.11
ISBN 978-7-109-19787-9

Ⅰ.①可… Ⅱ.①赖… Ⅲ.①可可-栽培技术②可可-食品加工 Ⅳ.①S571.3②TS274

中国版本图书馆 CIP 数据核字（2014）第 273238 号

中国农业出版社出版
（北京市朝阳区麦子店街 18 号楼）
（邮政编码 100125）
责任编辑 石飞华

中国农业出版社印刷厂印刷 新华书店北京发行所发行
2014 年 11 月第 1 版 2014 年 11 月北京第 1 次印刷

开本：889mm×1194mm 1/32 印张：5.875
字数：150 千字
定价：39.00 元
（凡本版图书出现印刷、装订错误，请向出版社发行部调换）